Bibliothek des Radio-Amateurs 1. Band
Herausgegeben von Dr. Eugen Nesper

Meßtechnik
für Radio-Amateure

Von

Dr. Eugen Nesper

Vierte, bedeutend erweiterte Auflage

Mit 110 Textabbildungen

Springer-Verlag Berlin Heidelberg GmbH
1928

ISBN 978-3-662-26947-3   ISBN 978-3-662-28420-9 (eBook)
DOI 10.1007/978-3-662-28420-9

Zur Einführung
der Bibliothek des Radio-Amateurs.

Schon vor der Radio-Amateurbewegung hat es technische und sportliche Bestrebungen gegeben, die schnell in breite Volksschichten eindrangen; sie alle übertrifft heute bereits an Umfang und an Intensität die Beschäftigung mit der Radio-Telephonie.

Die Gründe hierfür sind mannigfaltig. Andere technische Betätigungen erfordern nicht unerhebliche Voraussetzungen. Wer z. B. eine kleine Dampfmaschine selbst bauen will — was vor zwanzig Jahren eine Lieblingsbeschäftigung technisch begabter Schüler war — benötigt einerseits viele Werkzeuge und Einrichtungen, muß andererseits aber auch ein guter Mechaniker sein, um eine brauchbare Maschine zu erhalten. Auch der Bau von Funkeninduktoren oder Elektrisiermaschinen, gleichfalls eine Lieblingsbeschäftigung in früheren Jahrzehnten, erfordert manche Fabrikationseinrichtung und entsprechende Geschicklichkeit.

Die meisten dieser Schwierigkeiten entfallen bei der Beschäftigung mit einfachen Versuchen der Radio-Telephonie. Schon mit manchem in jedem Haushalt vorhandenen Altgegenstand lassen sich ohne besondere Geschicklichkeit Empfangsresultate erzielen. Der Bau eines Kristalldetektorempfängers ist weder schwierig noch teuer, und bereits mit ihm erreicht man ein Ergebnis, das auf jeden Laien, der seine ersten radio-telephonischen Versuche unternimmt, gleichmäßig überwältigend wirkt: Fast frei von irdischen Entfernungen, ist er in der Lage, aus dem Raum heraus Energie in Form von Signalen, von Musik, Gesang usw. aufzunehmen.

Kaum einer, der so mit einfachen Hilfsmitteln angefangen hat, wird von der Beschäftigung mit der Radio-Telephonie loskommen. Er wird versuchen, seine Kenntnisse und seine Apparatur zu verbessern, er wird immer bessere und hochwertigere Schaltungen ausprobieren, um immer vollkommener die aus dem Raum kommenden Wellen aufzunehmen und damit den Raum zu beherrschen.

Diese neuen Freunde der Technik, die „Radio-Amateure", haben in den meisten großzügig organisierten Ländern die Unterstützung weitvorausschauender Politiker und Staatsmänner gefunden unter dem Eindruck des universellen Gedankens, den das Wort „Radio" in allen Ländern auslöst. In anderen Ländern hat man den Radio-Amateur geduldet, in ganz wenigen ist er zunächst als staatsgefährlich bekämpft worden. Aber auch in diesen Ländern ist bereits abzusehen, daß er in seinen Arbeiten künftighin nicht beschränkt werden darf.

Wenn man auf der einen Seite dem Radio-Amateur das Recht seiner Existenz erteilt, so muß naturgemäß andererseits von ihm verlangt werden, daß er die staatliche Ordnung nicht gefährdet.

Der Radio-Amateur muß technisch und physikalisch die Materie zu beherrschen suchen, muß also weitgehendst in das Verständnis von Theorie und Praxis eindringen.

Hier setzt nun neben der schon bestehenden und täglich neu aufschießenden, in ihrem Wert recht verschiedenen Buch- und Broschürenliteratur die „Bibliothek des Radio-Amateurs" ein. In knappen, zwanglosen und billigen Bändchen wird sie allmählich alle Spezialgebiete, die den Radio-Amateur angehen, von hervorragenden Fachleuten behandeln lassen. Die Kopplung der Bändchen untereinander ist extrem lose: jedes kann ohne die anderen bezogen werden, und jedes ist ohne die anderen verständlich.

Die Vorteile dieses Verfahrens liegen nach diesen Ausführungen klar zutage: Billigkeit und die Möglichkeit, die Bibliothek jederzeit auf dem Stande der Erkenntnis und Technik zu erhalten. In universeller gehaltenen Bändchen werden eingehend die theoretischen Fragen geklärt.

Die fast in allen Ländern mehr oder weniger ausgesprochen vorhandene Radio-Amateurbewegung hat sich aber nicht nur in der Bastel-Beobachtungs- und Meßtätigkeit erschöpft, sondern es hat auch ein Interesse an Veröffentlichungen in Büchern und Funkzeitschriften eingesetzt, wie es vorher kaum jemals auf einem anderen Gebiet zu bemerken war.

Da gerade die Veröffentlichungen der Bibliothek des Radio-Amateurs schon seit mehr als 5 Jahren sich bestreben, breitesten Volksschichten die Kenntnisse der Radiotechnik zu vermitteln, sind wir für die Mitteilung etwaiger Fehler und Mängel, die in unseren Bibliotheksbändchen noch vorhanden sein sollten, stets dankbar. Wir bitten daher um strenge Durchsicht und Bekanntgabe aller diesbezüglichen Wünsche.

Dr. **Eugen Nesper.**

Vorwort zur vierten Auflage.

Mehr denn vier Jahre sind verstrichen, seit in Deutschland die ersten Bestrebungen der zusammengeschlossenen Radio-Amateure sich praktische Geltung verschaffen konnten und daß auf Drängen der Amateure und der Presse hin der Rundfunk eingeführt wurde.

In dieser Zeitspanne hat die Entwicklung der Radiotechnik nicht nur auf der Sendeseite, sondern auch vor allem, was die Empfänger- und Zusatzapparate anbelangt, wesentliche Fortschritte gemacht. Während damals, abgesehen von geringen Ausnahmefällen der Kristalldetektorempfänger mit Kopfhörer in Deutschland unbedingt vorherrschte, bei welchem Messungen kaum nötig waren, hat seitdem mehr und mehr der Röhrenempfang mit Lautsprecher Eingang gefunden. Hierbei muß jeder Rundfunkteilnehmer, der selbst seine Anlage überwachen und pflegen will, wenigstens gelegentlich einige Messungen ausführen, wenn er sich vor Schaden bewahren und dauernd einen zufriedenstellenden Empfang erzielen will. Vielleicht wird in absehbarer Zeit eine zentrale und automatische Rundfunksempfangsversorgung wieder Messungen unnötig machen. Heute ist die Entwicklung bei uns noch nicht so weit vorgeschritten, daß man aller Messungen entraten könnte.

Neben dem großen Kreise der Rundfunkteilnehmer, die nur empfangen wollen, und in deren Absicht es nicht liegt, sich irgendwie technisch zu betätigen, gibt es aber eine große Anzahl von wirklichen Radio-Amateuren und Bastlern, denen die technische Seite des Empfangs sehr am Herzen liegt und die auch, wie zahlreiche Beispiele beweisen, die Rundfunktechnik mit Erfolg gefördert haben. Diese Interessenten können auf Messungen nicht verzichten; denn erst die Messung sichert das wirkliche Verständnis des Vorganges, des Ineinandergreifens der einzelnen Empfangsorgane und der Schaffung von Hochleistungsapparaten. Erfreulicherweise hat die Fabrikation von Meßinstrumenten Wege eingeschlagen, welche es den meisten Interessenten ermöglichen, sich wenigstens die wichtigsten Meßinstrumente und -apparate anzuschaffen.

Die vorliegende 4. Auflage des Bändchens „Meßtechnik" mußte naturgemäß gegenüber dem Stande der früheren Auflagen einer vollständigen Umarbeitung unterzogen werden. Es war notwendig, alle die Meßapparate und Meßmethoden neu aufzunehmen, welche entweder in den letzten Jahren entwickelt und herausgebracht worden sind, oder die solche Vereinfachungen erfahren haben, daß sich ihrer auch der Minderbegüterte und weniger in der Technik Stehende bedienen kann. Es ist selbstverständlich, daß hierbei alle kostspieligen und schwierigen Meßanordnungen und -verfahren fortgelassen werden mußten, wie sie vielleicht in physikalischen Instituten und Fabriklaboratorien Anwendung finden können, die aber für den Radio-Amateur in der Regel nicht in Betracht kommen werden.

Es ergab sich infolgedessen auch eine völlig neue Einteilung dieses Buches:

Im ersten Kapitel sind die Meßapparate und Meßinstrumente geschildert, wie sie nach Möglichkeit in keinem vollständigeren Amateurlaboratorium fehlen sollten.

Im zweiten Kapitel sind einfachere Prüfanordnungen beschrieben, die eine Ergänzung zu den Messungen bilden, und die vielfach mit ganz einfachen Mitteln bewirkt werden können.

In Kapitel 3 ist auf die Meßschaltungen und Anordnungen im Speziellen eingegangen worden, insbesondere auf alle diejenigen Fragen, die den Rundfunkteilnehmer und Amateur in erster Linie interessieren.

Einige besondere am Empfänger vorzunehmende Messungen sind alsdann in Kapitel 4 behandelt, und den Abschluß bilden endlich einige Abkürzungs- und Umrechnungstabellen.

Eine gründliche Durchsicht dieser Auflage ist von Herrn Studienrat Dr. Spreen und von Herrn Oberingenieur Kunze bewirkt worden. Beiden Herren spreche ich für ihre Mühewaltung auch an dieser Stelle meinen verbindlichsten Dank aus.

Es ist zu hoffen, daß bei der möglichst leicht faßlichen Form, die dieser Abhandlung zugrunde gelegt wurde, ein großer Interessentenkreis aus den Darlegungen Nutzen ziehen und weitere neue Freunde für das Radio-Amateurwesen gewinnen wird.

Für die Mitteilung etwaiger Mängel und Fehler bin ich dankbar.

Berlin, Dezember 1927.

Dr. **Eugen Nesper.**

Inhaltsverzeichnis.

I. Die Meßapparate.

A. Der geeichte Kreis zur Messung der Wellenlänge (Frequenz) und Dämpfung (Wellenmesser).

a) Der Wellenmesser als Resonator (Empfangsmeßkreis).

Der in Wellenlängen geeichte, mit einem Indikator (Anzeigeinstrument) versehene Kreis, kurz Wellenmesser genannt, ist das wichtigste Meßinstrument der gesamten Radio-Technik, also auch des Radio-Amateurs.

Der Wellenmesser dient dazu, exakt die Wellenlänge und Dämpfung der ausgesandten, bzw. aufgenommenen Schwingungen zu bestimmen.

Der zurzeit nahezu allein in Anwendung befindliche Wellenmesser der Radio-Technik beruht auf dem Resonanzprinzip und besteht gemäß dem die typisch gewordene Wellenmesserkonstruktion andeutenden Schaltschema (Abb. 1) aus einer

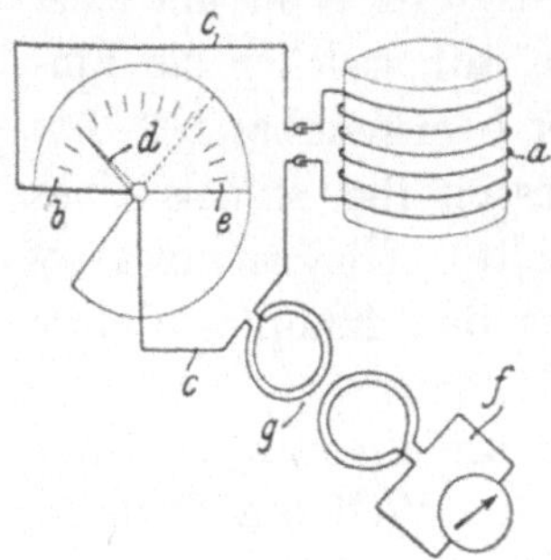

Abb. 1. Schema des Resonanzkreiswellenmessers mit induktiv angekoppeltem Resonanzindikator.

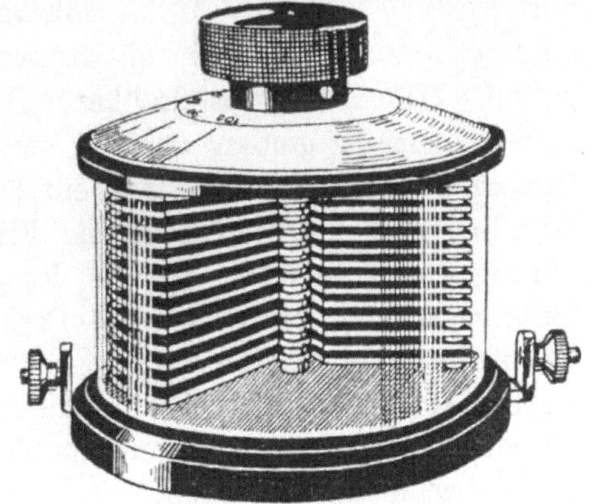

Abb. 2. Drehplattenkondensator mit Luftdielektrikum.

Selbstinduktionsspule a und einem Kondensator b, welche zu einem möglichst verlustlosen System durch Leitungsdrähte c miteinander verbunden sind. Eine dieser Kreisgrößen ist allmählich veränderlich, z. B. der Kondensator b (Ausführung siehe z. B. Abb. 2); die zwischen den festen Platten angeordneten beweglichen Kondensatorplatten sind mit einem Zeiger d versehen, der eine Skala e bestreicht, die entweder direkt in Wellenlängen geeicht ist, oder wobei man unter Anwendung einer Gradeinteilung die jeweilig eingestellte Wellenlänge mittels einer Tabelle oder Kurve feststellen kann.

Von dem Drehkondensator muß verlangt werden, daß nicht nur sein Aufbau hochfrequenztechnisch einwandfrei ist, daß seine Anfangskapazität möglichst unter 10 cm liegt, sondern, daß er auch bei beliebig langem Betrieb Abnutzungen und elektrische Verluste nicht aufweist. Vielerlei für Empfangszwecke anwendbare Typen können für Wellenmesserzwecke aus diesem Grunde nicht benutzt werden. Um möglichst genaue Meßwerte zu erhalten, empfiehlt es sich, die Achse des Drehkondensators mit einer Feineinstellvorrichtung zu versehen. Man ist alsdann in der Lage, die Einstellwerte erheblich genauer abzulesen. Eine beispielsweise Ausführungsform einer derartigen Anordnung ist in Abb. 3 wiedergegeben.

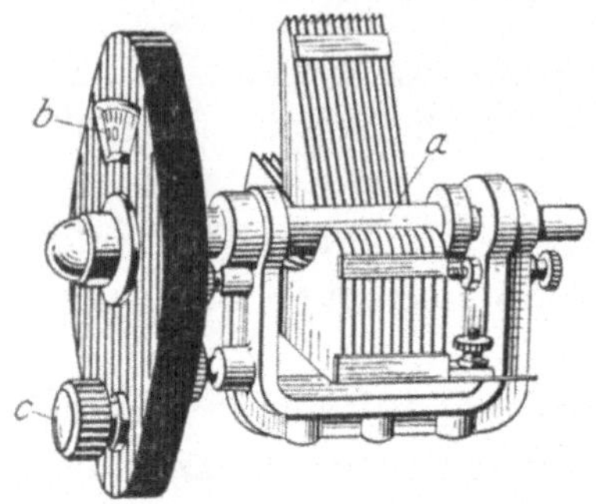

Abb. 3. Verbindung des Wellenmesserkondensators mit der Feineinstellskala.

Die Achse des drehbaren Plattensatzes a ist mit einer verhältnismäßig großen Scheibe versehen, auf welcher die Einteilung angebracht und durch ein Fenster b erkennbar ist. Die Scheibe wird durch eine kleine Friktionsscheibe mittels eines Handgriffes c gedreht. Infolge des gewählten Übersetzungsverhältnisses entsprechen mehrere Drehungen des Knopfes c einer Umdrehung der Scheibe b.

Die Ausführung eines Drehkondensators mit einem besonderen Feineinstellplattensatz kommt natürlich für Wellenmeßzwecke überhaupt nicht in Betracht.

Auch auf die Ausführung der Selbstinduktionsspulen zur stufenweisen Veränderung des Wellenbereiches ist beim Wellenmesser größter Wert zu legen. Es kommt darauf an, möglichst verlustfreie Spulen zu benutzen, welche auch tunlichst kapazitätsfrei gewickelt sein müssen, um in die Meßwerte nicht Fehler hineinzubringen. Die Verwendung kleiner Honigwabenspulen ist nicht ratsam. Vielmehr empfiehlt sich die Benutzung von Korbboden-

oder besser noch von Spinnwebspulen oder ähnlichen gewickelten Anordnungen, von denen beispielsweise Abb. 4 eine Ausführungsform darstellt. Für die Messung größerer Wellenlängen müssen unter allen Umständen tunlichst kapazitätsfrei gewickelte Spulen, etwa solche der Spinnwebtype verwendet werden, da sonst erhebliche Meßungenauigkeiten entstehen können.

Es soll jedoch Wert darauf gelegt werden, daß auch in meßtechnischer Beziehung die Spulen fest und unveränderlich hergestellt sein müssen, da eine oftmalige Auswechslung in Betracht kommt. Es haben sich für Wellenmeßzwecke Typen etwa Abb. 5 entsprechend gut bewährt, bei welcher die Spulen vollkommen in ein Isolationsmaterial eingekapselt sind und auch mit soliden Stöp

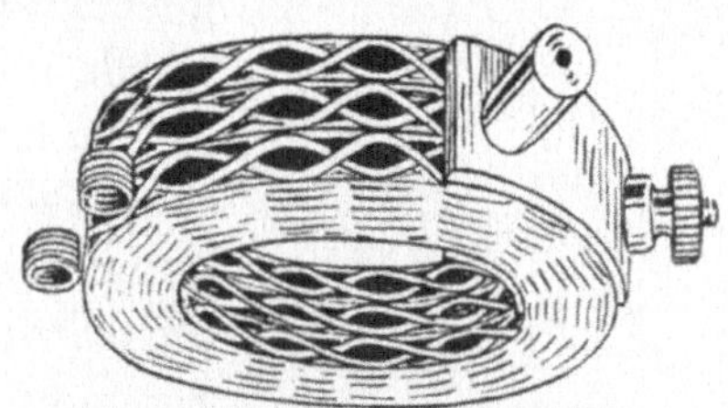

Abb. 4. Knockoutspinnwebspule.

selkontakten versehen sind. Für viele Messungen empfiehlt es sich, eine Mittelanzapfung, mit einem besonderen Steckkontakt versehen, vorzusehen oder anzuordnen, wie dies auch Abb. 5 zeigt.

Die eine der Größen a oder b, z. B. die Spule a ist außerdem leicht auswechselbar gegen eine größere oder kleinere Spule, so daß man mit einem und demselben Instrument einen sehr großen Wellenbereich, z. B. von 100—10 000 m bestreichen kann.

Mit diesem so gebildeten Resonanzkreise, welcher den eigentlichen Meßkreis darstellt, wird nun ein „Resonanzindikator" f passend verbunden. Diese Verbindung kann so geschehen, daß der Resonanzindikator direkt in das Meßsystem $a\,b\,c$ eingeschaltet wird. Da er jedoch in den meisten Fällen einen verhältnismäßig großen Widerstand besitzt und infolgedessen das Meßsystem zu stark dämpft, wo-

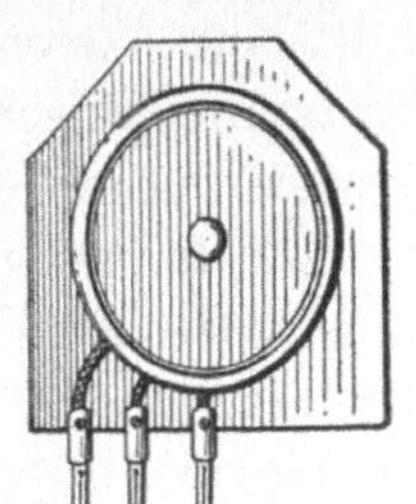

Abb. 5. Schwach gedämpfte nach dem Korbbodenspulensystem gewickelte Spule mit einer Mittelanzapfung versehen und vollständig eingekapselt, so daß auch äußere Unveränderlichkeit gewährleistet ist.

durch die Genauigkeit der Frequenzablesung wesentlich leiden würde, wird er meist induktiv mit dem Meßsystem gekoppelt.

Dies kann z. B., wie Abb. 1 zeigt, in der Weise geschehen, daß eine variable induktive Kopplung mittels der gegeneinander beliebig einstellbaren Kopplungsspulen g bewirkt wird. Da besonderer Wert darauf zu legen ist, daß die Dämpfung und Kopplung im Meßsystem, mindestens soweit sie vom Resonanzindikator herrührt, in möglichst großem Bereiche automatisch konstant gehalten werden, hat man außer der variablen und einregulierbaren Kopplungsspule g auch noch andere Anordnungen getroffen, welche darauf beruhen, daß parallel zum Resonanzindikator ein entsprechender Wechselstromwiderstand geschaltet wird. Hierauf kann an dieser Stelle nicht näher eingegangen werden.

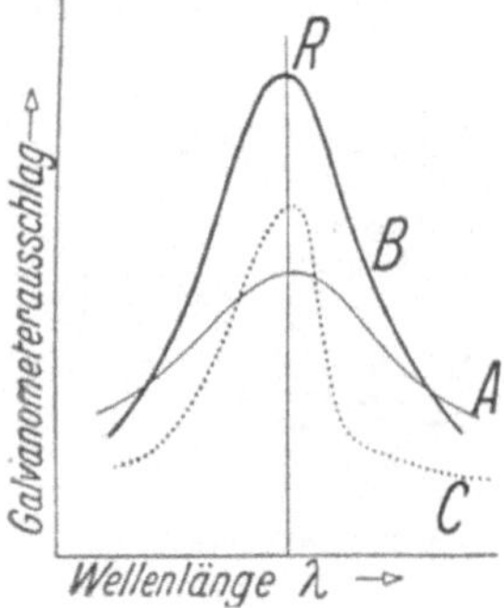

Abb. 6. Resonanzkurven, wie sie mit dem Wellenmesser aufgenommen werden können, und Resonanzpunkt R.

Zu beachten ist noch, daß die Eichung des Wellenmessers in Wellenlängen streng genommen nur für den einen Resonanzindikator gültig ist, mit welchem die Eichung erfolgt ist.

Der Resonanzindikator zeigt, entsprechend seiner Art und Konstruktion, entweder mehr oder weniger breit den Bereich, in welchem das Meßsystem mit dem zu messenden System sich in Abstimmung befindet, oder er zeigt direkt den Punkt R (Abb. 6) an, d. h. den „Resonanzpunkt"[1], in welchem eine vollkommene Abstimmung zwischen dem Wellenmesser und dem zu messenden System vorhanden ist.

Man kann als Resonanzindikator irgend ein auf Strom, Spannung oder einen anderen elektrischen Effekt ansprechendes Instrument oder eine entsprechende Kombination eines Detektors mit einem Anzeigeinstrument benutzen. Als direkt verwendbares Instrument kommt z. B. ein Hitzdrahtluftthermometer in Betracht (ein dünner Metalldraht in einem luftabgeschlossenen Glaskolben, welcher an ein offenes, dünnes, mit Flüssigkeit gefülltes Glasrohr angeschmolzen ist und wobei infolge der Erwärmung der Luft im Glaskolben die Flüssigkeit im Rohr ansteigt), besser noch ein Hitzdrahtinstrument, eine kleine Glühlampe, eine Geißlerröhre oder andere luftverdünnte Röhre oder auch ein Dynamometer (zwei gegeneinander bewegliche Spulen, welche beim Stromdurchgang eine gegenseitige Ablenkung erfahren).

---

[1] Manchmal wird in der Literatur auch der Punkt senkrechter Projektion von R auf die Abszisse als Resonanzpunkt bezeichnet.

Als Resonanzindikatorkombination kommt infrage ein Thermoelement (zwei sehr dünne, in der Spannungsreihe auseinander
liegende, miteinander verschlungene, oder miteinander verlötete
Metalldrähte) mit einem Galvanometer, oder was in der Praxis
mehr Anwendung findet, die Kombination eines Detektors mit
einem Galvanometer, oder sofern es nur auf qualitative Messungen
ankommt, bei gedämpften Schwingungen anstelle des Galvanometers ein Telephon. Für den Radio-Amateur kommt in erster
Linie die Kombination eines Kristalldetektors mit einem Festkondensator infrage, zu welch letzterem ein Telephon, z. B. der
normale Doppelkopffernhörer parallel geschaltet ist.

Der so gebildete Kreis ist schematisch in Abb. 7 links, den
praktischen Verhältnissen entsprechend rechts in dieser Abbildung
dargestellt. Dieser kann
zweipolig mit dem Meßkreis
verbunden werden. Gelegentlich wird er jedoch, (insbe-

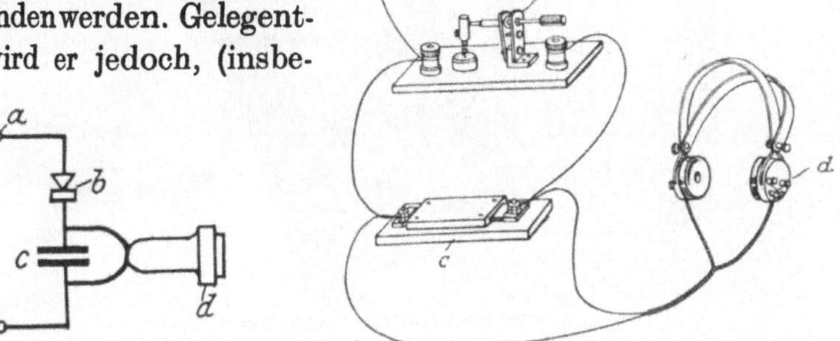

Abb. 7. Detektor-Telephonkreis. Links: schematisch dargestellt, rechts: die Umrißskizze.
a der Anschlußpunkt an den Resonanzkreis, *b* der Detektor, *c* der Festkondensator,
d das Telephon.

sondere in U. S. A.), um keine die Eichung beeinflussenden
Induktionen auf die Telephonschnüre herbeizuführen, einpolig
an den Meßkreis gelegt.

Mit einer derartigen Kombinationsanordnung unter Verwendung eines quantitativ arbeitenden Indikators kann man nicht
nur den Resonanzpunkt R von Abb. 6 und hiermit die gesuchte
Wellenlänge finden, sondern man kann vielmehr die ganze Resonanzkurve in ihrem vollen Verlauf aufnehmen, wie dies die Abbildung zeigt, und feststellen, ob diese einen flachen Verlauf hat
(Kurve A), was auf eine große Dämpfung des untersuchten Kreises
schließen läßt, oder ob die Resonanzkurve sonstige Abnormalitäten,
die auf irgendwelche Störungen oder Unregelmäßigkeiten hinweist,
besitzt.

So kann z. B. das Sprühen von Kondentatoren eines geschlossenen Senderkreises aus der Resonanzkurve festgestellt werden, wie dies Kurve C dartut.

Ein derartiger Wellenmesser dient aber außerdem dazu, fast alle anderen erforderlichen Messungen auszuführen, wie z. B. den Kopplungsgrad, die Kapazität und Selbstinduktion von Einzelelementen der Stationen usw. festzustellen. (Siehe unten).

Das Ausführungsmodell eines derartigen Amateurwellenmessers (nach E. Nesper) ist in Abb. 8 wiedergegeben und zeigt denselben im gebrauchsfertigen Zustand. In einem Holzkasten

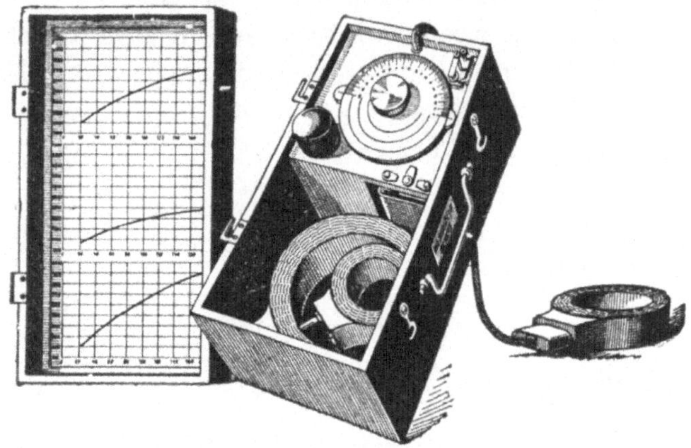

Abb. 8. Amateur-Wellenmesser.

mit leicht abnehmbaren Deckel ist der Kondensator nebst seinen Zuführungsleitungen fest eingebaut. Der Kondensator muß Luft als Dielektrikum aufweisen. Die Drehplatten dürfen nicht zu schwach sein, da sie keineswegs federn dürfen. Auch die Befestigungsteile, Distanzringe usw. müssen tunlichst absolut starr sein, um die Eichung konstant zu halten. Auch die Lager des beweglichen Plattensatzes dürfen nicht federn oder sich sonst irgendwie verändern; zweckmäßig wird der Kondensator in einem geerdeten Metallgehäuse einmontiert, um ihn unabhängig von kapazitiven Einflüssen zu machen. Der Handgriff des Kondensators ist mit einer Skala versehen, die gegen zwei Marken spielt. Die Skala muß unverrückbar fest montiert sein. Die Gradeinteilung muß genau und einwandfrei sein. Auf der einen Seite ist eine Gradeinteilung vorgesehen, auf der anderen Seite ist die Skala lediglich mit drei Kreisen versehen, auf denen die Eichung der

wichtigsten Wellenlängenwerte direkt aufgetragen wird, so daß
man auch ohne Benutzung von Kurventafeln die Wellenlängen
direkt ablesen kann.

An den Kondensator ist eine verdrallte Litze mit einem Stöpsel
fest angeschlossen. In den Stöpsel wird eine der drei Wellen-
längenspulen eingestöpselt. Diese sind so dimensioniert und gestaltet, daß ihr effektiver Widerstand und auch ihre Eigenkapazität
klein und konstant sind. Das erstere ist notwendig, um eine scharfe
Resonanzeinstellung zu ermöglichen, während die geringe Eigenkapazität wichtig ist, um die Gesamtkapazität des Meßkreises
gering zu halten, was insbesondere im Anfangsbereich jeder Skala
wesentlich ist, und
sehr ins Gewicht fällt,
um Kapazitätsände-
rungen bei der Bedie-
nung tunlichst gering
zu halten. Das Bureau
of Standards (Wash-
ington) empfiehlt nur
Zylinderspulen zu be-
nutzen, welche auf
gut ausgetrockneten
Holzkörpern aufge-

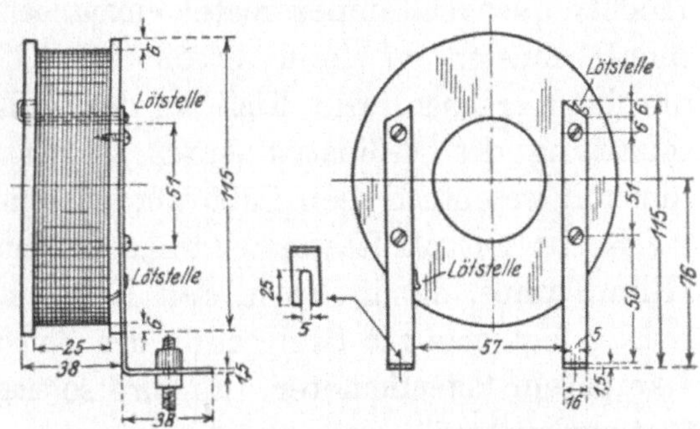

Abb. 9. Spulenausführung beim Amateurwellenmesser
des Bureau of Standards, Washington.

wickelt sind, die mit gutem Firnis überzogen wurden. (Die Benutzung von Schellack soll nicht ratsam sein!) Als Wickelmaterial soll
doppelt mit Baumwolle umsponnener Kupferdraht (Nr. 24 B. & S.
Gange) dienen, der gut gefirnißt ist. Der Draht oder die Litze
muß auf dem Spulenkörper absolut unverrückbar befestigt sein.
Die Spule kann gemäß Abb. 9 zwei Anschlußkontaktblechstreifen
erhalten, welche in entsprechende Gegenkontakte leicht lösbar
angeschraubt werden können. Immerhin sind natürlich Steck-
kontakte wesentlich bequemer.

Man kann die elektrischen Dimensionen des Wellenmeßkreises
leicht so wählen, daß mit jeder Spule ein Wellenbereich von etwa
1 bis 2,5 bestrichen wird, also mit der ersten Spule wird der Wellenlängenbereich von 200 bis 500 m bestrichen, mit der zweiten Spule
der Bereich von 400 bis 1000 m und mit der dritten Spule der Bereich von 900 bis 2200 m usw. Man muß also entweder im voraus
ungefähr wissen, welche Wellenlängen eingestellt werden sollen, oder

man muß, was ohne erheblichen Zeitverlust möglich ist, die Spulen nacheinander einstöpseln und probieren, bei welcher das Resonanzmaximum liegt. Dieses wird bei der eigentlichen Wellenmesserschaltung, wobei der Detektor als Indikator dient, dadurch festgestellt, daß im Telephon das Maximum des Geräusches eintritt.

Wenn man quantitativ messen will, muß man das Telephon durch ein Anzeigeinstrument ersetzen. Man kann alsdann ein Galvanometer genügender Empfindlichkeit (mindestens 10^{-5} A) anwenden. Zweckmäßig ist es jedoch meist, anstelle des Detektors in den Meßkreis ein Thermogalvanometer oder ein Hochfrequenzmilliamperemeter einzuschalten. Derartige Instrumente müssen bei einem Strom von 0,1 A den vollen Skalenanschlag ergeben. Die Eichung des Meßkreises muß nach Einschaltung des Meßinstrumentes vorgenommen werden, da sie hiervon wesentlich beeinflußt werden kann.

Recht gut als Resonanzindikator dient übrigens eine kleine Glimmlampe, die direkt in den Kreis eingeschaltet ist. Zweckmäßig legt man zur Steigerung der Empfindlichkeit parallel zur Lampe ein Potentiometer. Es wird so eingestellt, daß der Faden fast aufleuchtet.

Wenn der Wellenmesser als geeichter Sender sehr geringer Energie verwendet wird (siehe unten), wird anstelle des Detektors der Summer eingeschaltet, der durch die kleine, unten im Kasten angebrachte Batterie erregt wird, und es entsteht alsdann in dem auf den Wellenmesser abzustimmenden System das Maximum der Lautstärke, wenn beide in Resonanz sind.

Je empfindlicher der Resonanzkreiswellenmesser ist, um so mehr ist die Störungsmöglichkeit durch in der Nähe befindliche andere abgestimmte oder nahezu abgestimmte Kreise, durch Resonanzspulen, durch Drähte oder andere Metallmassen gegeben. Wenn sich daher derartige Anordnungen in der Nähe des Meßkreises befinden, so ist nicht nur äußerste Vorsicht bei den Messungen selbst geboten, sondern es empfiehlt sich auch, bei verschiedenen Welleneinstellungen möglichst auch des zu messenden Kreises Kontrollmessungen auszuführen. Auch die Wahl einer anderen Stelle im Meßraum für die Ausführung der Messungen ist empfehlenswert, um tunlichst jede nicht gewünschte Beeinflussung von anderen Anordnungen zu vermeiden.

b) Der Wellenmesser als Oszillator
(Senderkreis sehr geringer Energien).

Der Meßkreis kann auch als geeichter Sender zur Erzeugung geringer Energien bestimmter und beliebig einregulierbarer Frequenz dienen.

Zu diesem Zweck wird an den aus Kapazität und Selbstinduktion bestehenden geeichten Kreis $a\,b$ von Abb. 1 eine Stromquelle mit Unterbrecher angelegt, wie dies z. B. Abb. 10 zeigt (Stoß-Senderanordnung nach Lodge-Eichhorn).

Für die Ausführung des Kondensators a gelten die oben entwickelten Gesichtspunkte. Als Spulen b können gleichfalls kurze Zylinderspulen genommen werden, wie oben geschildert;

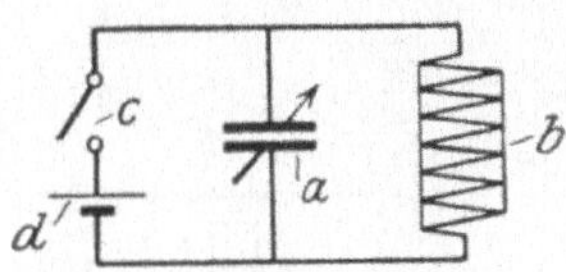

Abb. 10.. Geeichter Oszillatorkreis mit Summer und Batterie als geeichter Sender für sehr geringe Energien geschaltet.

man kann aber auch andere feste Spulen, wie z. B. Flachspulen usw. wählen, sofern nur die Forderung erfüllt ist, daß sie zeitlich unveränderlich und hochfrequenztechnisch einwandfrei ausgeführt sind. Sehr wesentlich ist es ferner, daß die Unterbrechungszahl des Unterbrechers c auch während längeren Betriebes tunlichst konstant bleibt. Als Stromquelle d dient ein gutes Trockenelement bzw. eine kleine Batterie (Taschenlampenbatterie).

Sobald der Unterbrecher in Tätigkeit tritt, sendet der Kreis $a\,b$ schwach gedämpfte Schwingungen einer genau definierten Frequenz aus. Zu beachten ist, daß im allgemeinen infolge von Zuleitungen, Kopplungen usw. diese Frequenz bei denselben Kapazitäts- und Selbstinduktionsgrößen nicht vollkommen übereinstimmt mit derjenigen, welche mit dem Kreis erzielt wird, wenn derselbe als Empfänger z. B. mit Hitzdrahtinstrument geschaltet ist.

Es ist zweckmäßig, die Unterbrecherzahl möglichst hoch zu wählen, damit in dem von diesem geeichten Sendekreis angestoßenen System ein akustischer Ton erzeugt wird, mit welchem sich meßtechnisch besser arbeiten läßt, als wenn der Unterbrecher nur ein brodelndes Geräusch verursacht.

Als Anführungsbeispiel eines schwach gedämpften Senders geringer Energie möge der von M. Baumgart hergestellte Wellenmesser dienen, von welchem Abb. 11 das Schaltungsschema als Oszillator zeigt, während 12 eine Außenansicht dieses Wellen-

messers wiedergibt, der für einen Wellenlängenbereich von etwa
200 bis 2200 m mit den mitgelieferten Spulen bestimmt ist.

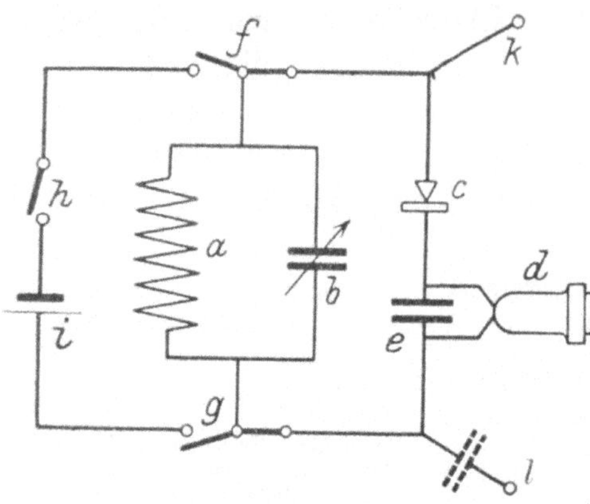

Abb. 11. Schaltschema des Wellenmessers für Sender.

a ist die auswechselbare Selbstinduktionsspule, b der Drehkondensator. Als Resonanzindikator dient der Kristalldetektor c, der mit dem Kopfhörer d und einem Parallelkondensator e in Serie geschaltet ist. Die Ausführung dieses Meßkreises ist übrigens so getroffen, daß er auch drekt als Empfangssystem benutzt werden kann, wobei an die Klemmen k und l die Antenne bzw. Erde anschließt.   Selbstverständlich muß in diesem Fall der Kristalldetektor c genügende Empfindlichkeit aufweisen.

Abb. 12. Außenansicht des Wellenmessers von Baumgart.

Um den Wellenmesser als schwachgedämpften geeichten Sender zu verwenden, werden die Schalter fg mit einem Handgriff betätigt, wodurch der Summer h nebst Batterie i eingeschaltet wird. In diesem Fall findet die Energieübertragung induktiv durch die Spule *a* auf das zu messende System statt.

Die aus der Außenansicht Abb. 12 erkennbaren Teile stimmen mit dem Schema Abb. 11 überein. Der Kopfhörer wird an die Kontakte *d* angeschlossen. Der Summer *h*, welcher gelegentlich eine Kontrolle bzw. Nachstellung erfordert, ist oben auf die Schaltplatte aufgesetzt. Seine Betätigung erfolgt mittels des Schalterknopfes *i*.

Selbstverständlich ist es auch möglich, den geeichten Kreis als kleinen Hochfrequenzsender auszubilden, was dadurch bewirkt werden kann, daß in denselben eine kleine Funkenstrecke eingeschaltet wird, die durch einen Induktor erregt wird.

Die Größe der auf diese Weise zu erzeugenden Hochfrequenzenergie hängt lediglich von der Kapazitäts- und Selbstinduktionsgestaltung und von den bei diesen Apparaten zulässigen Maximalspannungen ab.

c) Wellenprüfer.

Es ist nicht immer erforderlich, einen exakt arbeitenden Wellenmesser aufzustellen. Andererseits genügt aber vielfach der Prüfsummer (siehe S. 22 ff.) auch nicht, da er ja nur geringe Energie im gesamten Wellenbereich des Empfängers erzeugt.

In solchen Fällen verwendet man vorteilhaft einen sog. Wellenprüfer, welcher einfacher und billiger als ein gewöhnlicher Wellenmesser zusammengebaut werden kann. Ein solches Instrument, wie es früher von der Radiofrequenz (Loewe-Radio) hergestellt wurde, zeigt in Außenabsicht Abb. 13. Obwohl dieser Wellenprüfer von der genannten Fabrik nicht mehr gebaut wird, ist er hier doch kurz erwähnt, weil seine Anfertigung einfach ist und für das Laboratorium des Radio-Amateurs mancherlei Vorteile gewährt. Man kann ohne Schwierigkeiten den Wellenbereich mit 4 bis 5 Spulen von etwa 150 m bis 3000 m erhalten. In einem Holzkasten ist ein Drehkondensator mit Trockenbatterie und Summer angeordnet (sog. Lodge-Eichhornschaltung, siehe S. 9). Oben wird diejenige Spule eingestöp-

Abb. 13. Wellenprüfer der Radio-Frequenz G.m.b.H.

selt, deren Wellenbereich jeweilig inbetracht kommt. Der Wellen-prüfer wird in der Nähe des Empfängers aufgestellt, und man ist auf diese Weise nicht nur in der Lage, das ordnungsgemäße Arbeiten des Empfängers zu kontrollieren, sondern auch festzu-stellen, welche Sendestation jeweilig empfangen wurde.

d) Absorptionswellenmesser.

Ein weiteres Anwendungsbeispiel und eine andere Ausführungs-form des Resonanzkreiswellenmessers ist der sog. Absorptions-wellenmesser, der aus einem gewöhnlichen geeichten, möglichst gering gedämpften Meßkreis besteht, wie wir solchen bisher betrachtet haben, und der mit einem Röhrensender für geringe Intensität gekoppelt wird. Der Vorgang ist nun der, daß, wenn der Wellenmesser mit dem Röhrensendekreis sich in Resonanz be-findet, aus dem Röhrenkreis ein Maximum an Energie absorbiert wird, was man durch Variation der Kopplung zwischen dem Wellen-messer und dem Röhrenkreis ohne weiteres dahin bringen kann, daß die Schwingungen im Röhrenkreis eine Schwä-chung bis zur Unterbrechung erfahren. Um dieses fest-zustellen, muß also ein In-dikationsinstrument in der Anodenleitung des Sende-kreises angebracht sein, das man eventuell auch, wenn

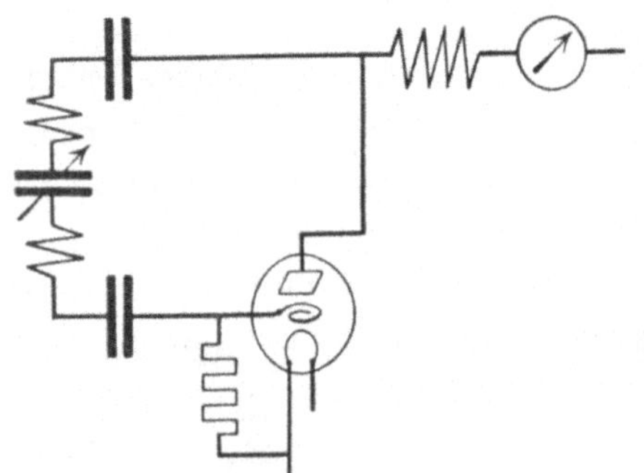

Abb. 14. **Ultra-Audionschaltung für kurze Wellen.**

nicht exakte Meßwerte, sondern lediglich die Feststellung des Re-sonanzmaximums verlangt wird, durch einen Lautsprecher oder einen Kopfhörer ersetzen kann, in denen bei Aufhören der Schwin-gungen ein Knackgeräusch eintritt. Die Bezeichnung Absorptions-wellenmesser ist also eigentlich nicht ganz kennzeichnend, da zwar ein geeichter Meßkreis erforderlich ist, das Wesentliche jedoch in dem Vorhandensein eines Röhrensenders geringer Energie besteht.

Der Absorptionswellenmesser hat für das Arbeiten mit kurzen Wellen eine gewisse Bedeutung erlangt. Man hat vielfach zu diesem Zweck eine Röhrensenderschaltung gemäß Abb. 14 verwendet, die als Ultra-Audionschaltung bekannt ist. Da mit einer derartigen Schaltung ohne weiteres Wellen bis zu wenigen Metern herab erzeugt werden sollen, ist es wichtig, den Sendekreis möglichst wenig gedämpft aufzubauen. Es sind hierbei die für den Kurzwellensendebetrieb inbetracht kommenden Gesichtspunkte zu berücksichtigen. So darf der Röhrensockel keine nennenswerte Kapazität aufweisen. Die Spulen bestehen nur aus wenigen Windungen dicken Kupferdrahts, der freitragend gewickelt ist. Auch die Drosselspulen werden nur aus verhältnismäßig wenigen Windungen (etwa 20 bis 60), die auf ein gutes Isolationsmaterial aufgewickelt sind, hergestellt. Die Benutzung von Luftkondensatoren auch für Blockierungszwecke ist selbstverständlich. Beim Drehkondensator muß besonders auf Vermeidung der Handkapazität Rücksicht genommen werden. Er erhält infolgedessen zur Einregulierung einen Handgriff aus Isolationsmaterial bzw. einen Schnurzug oder dergl. Der Ableitungswiderstand hat eine Größe von etwa 1,5 bis 3 Megohm.

Wesentlich für das gute Funktionieren des Absorptionswellenmessers sind eine Reihe von Punkten: Die vom Röhrensender erzeugte Energie muß sehr gering sein. Die verwendete Rückkopplung muß einen weichen Schwingungseinsatz insbesondere im Bereich der kritischen Werte aufweisen. Der Abstand zwischen Absorptionswellenmesser und Röhrensender muß leicht einregulierbar sein. Im allgemeinen liegt er im Bereich von etwa 1 bis 2 m. Unter allen Umständen ist es wichtig, das Resonanzmaximum scharf ausgeprägt zu erhalten, was im Milliamperemeter des Röhrenkreises ablesbar ist.

Die Aufnahme der Resonanzkurve wird meist nicht auf den ersten Anhieb gelingen, da die Absorptionsenergie entweder zu groß oder zu klein sein wird. Eine Verschiebung zwischen Röhrenkreis und Wellenmesser ist daher so lange vorzunehmen, bis einwandfrei die Resonanzlage festgestellt werden kann bzw. die Punkte für das Schwingungsaussetzen und -einsetzen festgelegt sind. In der Mitte zwischen beiden liegt das Resonanzmaximum.

Im übrigen sind bei dieser Messung wie bei allen Resonanzmessungen störende Einflüsse etwa in der Nähe befindlicher weiterer Resonanzkreise von Spulen, Metallmassen usw. zu berücksichtigen, da diese durchaus in der Lage sein können, die Meßergebnisse erheblich zu fälschen. Infolgedessen ist es empfehlenswert, eine Reihe von Kontrollmessungen auszuführen.

e) Der Schwebungs-Röhrenwellenmesser.

Eine andere Ausführungsform des Wellenmessers, die für mancherlei Meßverfahren große Vorteile besitzt, erhält man dadurch, daß man den Wellenmeßkreis mit einem kleinen Röhrensender in der Weise kombiniert, daß sich die so erzeugten Schwingungen mit denen des zu messenden Systems überlagern und infolgedessen Schwebungen erzeugen. Der Schwebungston wird dadurch variiert, daß der Kondensator des Wellenmessers gedreht wird. In der Nähe des Schwebungsbereiches setzt zunächst der Schwebungston sehr hoch ein, wird allmählich tiefer, setzt schließlich vollkommen aus (Resonanzzone), setzt wieder tief ein und wird allmählich immer höher, bis er schließlich wieder unhörbar wird.

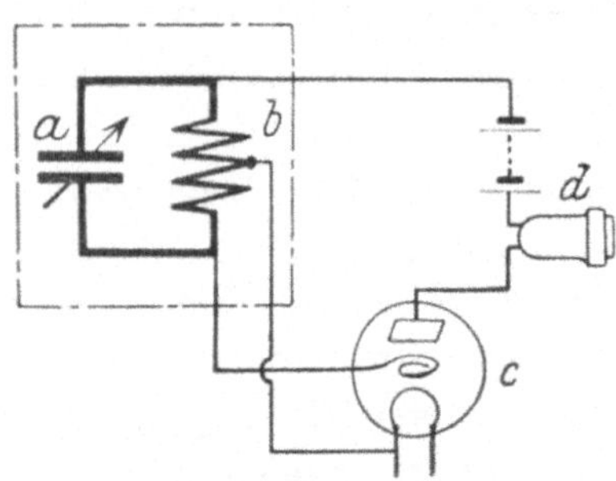

Abb. 15. Röhrensenderschaltung Schwebungswellenmessung.

In der Mitte der Resonanzzone liegt das Resonanzmaximum. Da die Zone sehr schmal ist, kann auch das Maximum sehr genau und scharf eingestellt werden.

Es ist fast jede Röhrensenderschaltung, die natürlich nur eine sehr geringe Energie herzugeben braucht, für die Anordnung geeignet. Beispielsweise kann man mit Vorteil eine Anordnung gemäß Abb. 15 wählen, in welcher durch *ab* der Wellenmeßkreis gekennzeichnet ist, der mit der Röhrenanordnung *c* verbunden ist. In die Anodenleitung der Röhre ist ein Kopfhörer oder Lautsprecher *d* eingeschaltet, um die Schwebungstöne bzw. die Resonanzzone kenntlich zu machen. Um jeden Einfluß von Handkapazität auszuschalten, empfiehlt es sich, die hierfür geltenden Vorsichtsmaßregeln zu beachten, beispielsweise den Knopf des Drehkondensators mit einem genügend langen Handgriff zu versehen.

Die Werte des geeichten Schwebungs-Röhrenwellenmessers sind nur so lange richtig, als weder eine Änderung an der Röhre noch an deren Heiz- und Anodenspannung bewirkt wird. Bei Veränderung dieser Größen bzw. Auswechslung der Röhre ist eine neue Eichung erforderlich.

Die außerordentlich scharfe Abstimmöglichkeit mit dem Schwebungs-Röhrenwellenmesser läßt jedoch diese Unbequemlichkeit nicht allzu unangenehm empfinden.

Ein Ausführungsmuster eines derartigen Schwebungs-Röhrenwellenmessers in gebrauchsfertigem Zustand von O. Schöpflin und M. Barth zeigt Abb. 16. Im Gegensatz zu obigem Schaltungsschema, bei welchem nur eine Röhre benutzt war, sind hier zwei Röhren angewendet, welche so geschaltet sind, daß die Heizfäden parallel liegen, daß die Gitter unter Zwischenschaltung von zwei Kondensatoren miteinander verbunden sind, und daß die Anoden der beiden Röhren an den Enden einer Spule, welche mit Mittelanzapfung versehen ist, angeschlossen sind. Es ist hierbei eine Symmetrieschaltung verwendet, welche den Vorteil aufweist, daß sich nicht so leicht Schwingungslöcher ausbilden können, als bei der in Abb. 15 wiedergegebenen Anordnung.

Es sind übrigens auch noch andere Verfahren mitgeteilt worden, um mit der Röhrenanordnung und dem geeichten Kreis Wellenlängen und ähnliche Messungen auszuführen, ohne daß Schwebungen erzeugt werden. So hat man beispielsweise in den Röhrenkreis Summer oder ähnliche geeignete Unterbrecher eingeschaltet, die die kontinuierlichen Röhrenkreisschwingungen unterbrechen. Der Wellenmesser erzeugt alsdann entsprechende Schwingungskomplexe, die, wenn die Summerunterbrechung hierfür geeignet ist, in den tönenden Bereich verlegt werden können, und die ohne weiteres mit einem gewöhnlichen Kristalldetektor und Hörer empfangen werden können.

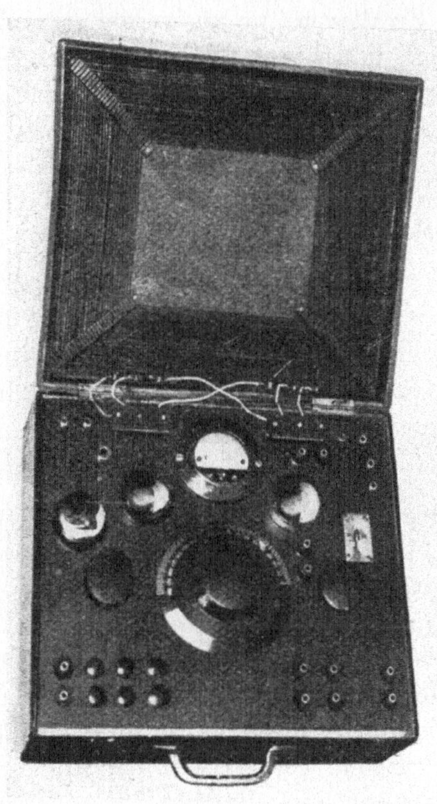

Abb. 16. Ansicht des Schwebungs-Röhrenwellenmessers
von O. Schöpflin und M. Barth

B. Das Lechersystem.

Das Lechersystem war ursprünglich nur eine Eichordnung, die es erlaubt, mit großer Genauigkeit kurze Radio-Wellen herzustellen und zu messen. Es berüht darauf, daß stehende Wellen erzeugt werden.

Zu diesem Zwecke werden zwei Drähte ab, Litzenleiter oder dergl. in geringem Abstand von ca. 10 bis 20 cm voneinander parallel und gut von den Abstimmpunkten c isoliert, ausgespannt, wie dies Abb. 17 andeutet. An einer Seite sind die parallelen Drähte offen, an der anderen Seite sind sie durch einen Draht oder eine kleine Drahtschleife d verbunden, da an dieser Stelle die Kopplung mit dem Erregersystem e stattfindet. Als Material für das Lerchersystem verwendet man am besten blanken Kupferdraht von etwa 0,4 bis 0,8 mm Stärke und bemißt die Länge dem

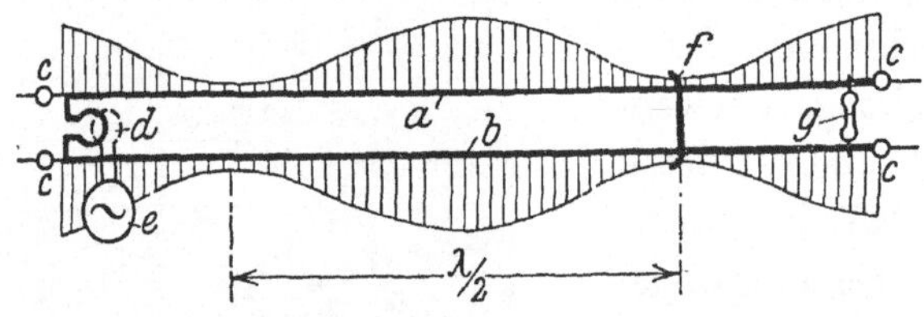

Abb. 17. Das Lechersystem.

Raum entsprechend, in welchem die Anordnung aufgebaut wird, wobei jedoch zu beachten ist, daß man nach Möglichkeit nicht unter 7 bis 8 m Länge heruntergehen soll. Es ist unter Berücksichtigung besonderer Vorsichtsmaßregeln möglich, das System zu knicken, indessen wird der Anfänger dies erst am besten dann tun, wenn er mit dem System gewisse Erfahrungen gesammelt hat.

Auf dem Paralleldrahtsystem schleifen mit gutem Kontakt sog. Brückendrähte f und ein oder mehrere Indikatoren g, auf die noch zurückgekommen wird. Der Kurzwellendienst, dessen Wichtigkeit zuerst von den Radio-Amateuren erkannt wurde, hat aus dem Lechersystem eine wichtige Anordnung gemacht, die nicht nur zu Meßzwecken, sondern auch zu Sende- und Empfangszwecken verwendet werden kann.

Für Meßzwecke wird der Sender e, der am besten ein Kurzwellensender ist, in Tätigkeit gesetzt und hierbei auf das Paralleldrahtsystem ab induziert. Bei genügender Kopplung werden verhältnismäßig kräftige stehende Schwingungen auf die Paralleldrähte übertragen und durch die Reflexion dieser Wellen an den Enden bilden sich stehende Wellen aus, welche mittels der kleinen Indikatoren nachgewiesen werden können. Die Verschiebung der Reiter erfolgt möglichst nicht von Hand, da hierdurch eine wesentliche Kapazitätsbeeinflussung entstehen könnte, sondern vielmehr am besten mit einem Stabe, eventuell auch mit einem Bindfaden oder dergl. Um eine genaue Einstell- und Ablesemöglichkeit zu haben, wird zweckmäßig direkt unterhalb der Reiter bzw. der Indikatoren eine Skala angebracht, welche zunächst in cm bzw. dcm eingestellt sein kann, und auf der später die Eichskala für das Lechersystem angebracht wird. Die Schwingungsausbildung auf den Drähten für eine bestimmte Wellenlänge wird durch die Schraffur h gekennzeichnet. Diese Schraffur zeigt Maxima und Minima, d. h. Spannungsknoten und Spannungsbäuche. Verbindet man die Paralleldrähte in den Spannungsknoten durch entsprechende Verschiebung der Reiter, so bleibt die Schwingungsausbildung aufrecht erhalten. Verschiebt man jedoch die Reiter, so wird die Schwingungsausbildung entsprechend gestört. Wenn man also nach Erregung des Paralleldrahtsystems die Reiter auf die Spannungsknotenpunkte verschiebt, so kann man die Wellenlänge direkt am Paralleldrahtsystem abmessen, indem der Abstand zwischen zwei Spannungsknotenpunkten bzw. zwei Spannungsbäuchen der halben Wellenlänge entspricht. Um die tatsächliche Wellenlänge zu erhalten, muß man also den gegebenen Abstand zweier Knoten mit zwei multiplizieren. Wenn das Drahtsystem nur verhältnismäßig kurz ist im Gegensatz zur Wellenlänge, so wird man unter Umständen nur zwei Knoten, eventuell sogar, falls die Drähte allzu kurz sind, auch diese nicht, erhalten. Eine gewisse Länge des Paralleldrahtsystems im Verhältnis zur Wellenlänge ist daher notwendig. Die Genauigkeit der Spannung wird durch ein entsprechend langes Paralleldrahtsystem erhöht, indem alsdann eine von Spannungsknoten und Spannungsbäuchen nachgewiesen werden kann, und aus den Abständen der Mittelwert zu entnehmen ist.

Die Feststellung der Spannungsbäuche bzw. Spannungsknotenpunkte kann nun mit den verschiedenartigsten Indikatoren bewirkt werden. Ursprünglich bediente man sich hierzu kleiner Geißler-Röhren, die mit Neon oder Helium gefüllt waren, um einen möglichst geringen Widerstand darzustellen. Eine solche Heliumröhre, die mit den Drahtenden leitend verbunden wird, leuchtet auf, wenn sich an der betreffenden Stelle ein Spannungsbauch befindet, was dadurch erzielt werden kann, daß die Brücke in einen Spannungsknoten verschoben wird.

Dieser ursprüngliche, verhältnismäßig einfache Indikator ist später durch die verschiedenartigsten Anordnungen ersetzt worden. So hat man mit etwas besserem Erfolg anstelle der Geißler-Röhre eine Glimmlampe benutzt. Wesentlich genaue Resultate kann man natürlich durch empfindlichere Indikatoren erzielen, wie beispielsweise Thermoelemente, oder durch Empfangsdetektoren mit Telephon. Eine recht brauchbare Anordnung, die offenbar recht gute Resultate ergibt, besteht darin, daß über die ungedämpften Schwingungen des Kurzwellensenders ein Summerton überlagert wird, was mittels eines Summers bewirkt wird, der mit dem Heizkreis des Kurzwellensenders verbunden ist. Die alsdann erzielten geringen Anodenstromschwankungen reichen aus, um mit einem Detektor und Telephon sehr genau die Knoten auf den Lechersystem-Drähten nachzuweisen.

Selbstverständlich ist es auch möglich, als Indikator eine Empfangsröhrenschaltung zu verwenden, wie sie Abb. 18 darstellt. Das Gitter der in Audionschaltung verwendeten Röhre wird beispielsweise an das eine Ende der Paralleldrähte angeschlossen. Wenn nun die Brücke sich im Spannungsknoten befindet, erhält das Gitter eine ziemlich starke negative Aufladung, und ein in den Anodenkreis eingeschaltetes Milliamperemeter geht mehr oder weniger auf Null. Durch Verschieben des Reiters können auch auf diese Weise sehr genau die Spannungsknoten und -bäuche auf dem Paralleldrahtsystem festgestellt werden.

Für alle Untersuchungen mit dem Lechersystem empfiehlt es sich, den Sender mit den Paralleldrähten möglichst lose zu koppeln, um die Knoten tunlichst genau feststellen zu können. Selbstverständlich muß Vorsorge getroffen werden, daß eine direkte Beeinflussung des Senders auf den Indikator unter allen Umständen vermieden wird.

Es empfiehlt sich ferner, das Paralleldrahtsystem soweit als möglich von in der Nähe befindlichen Wänden usw. auszuspannen, so daß nicht etwa kapazitive Einflüsse ausgeübt werden können.

Die Lechersche Meßanordnung ist oft und in mannigfaltigster Weise abgeändert worden, insbesondere auch, um längere und lange Wellen mit der Anordnung exakt bestimmen zu können.

Eine solche von O. Schöpflin (1919) angegebene Anordnung, welche die Messung beliebig langer Wellen nach der Schwebungsmethode ermöglicht, ist in Abb. 18 wiedergegeben.

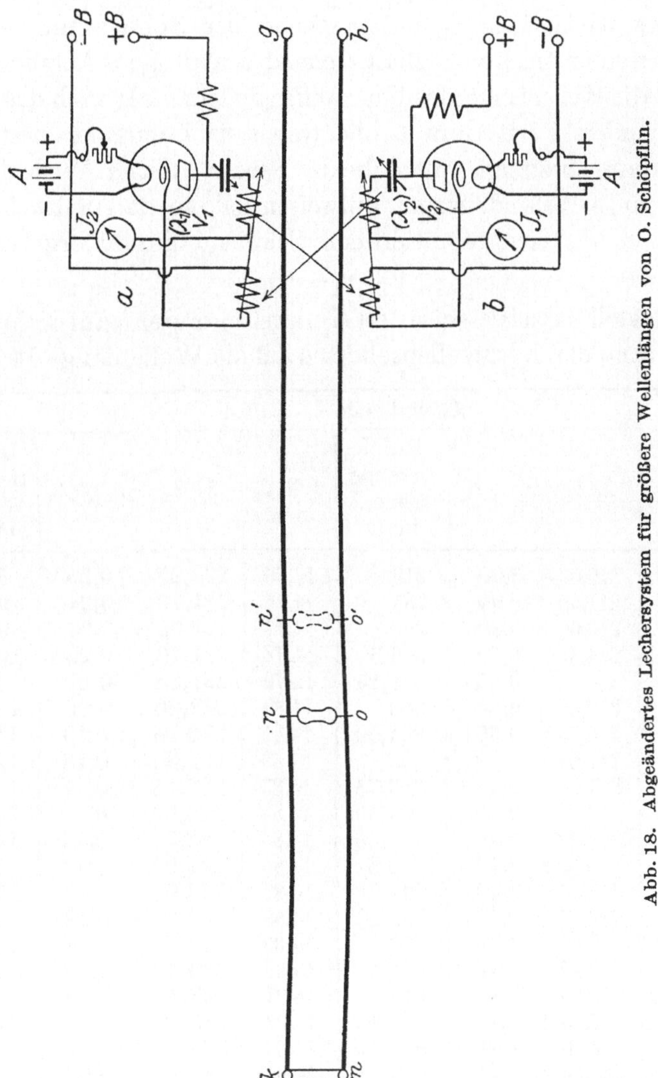

Abb. 18. Abgeändertes Lechersystem für größere Wellenlängen von O. Schöpflin.

Es sind hierbei zwei kleine Kurzwellensender a und b mit dem Lechersystem $g\,k\,m\,h$ induktiv verhältnismäßig lose gekoppelt, wobei die Kopplung auf die nicht verbundenen Drahtenden des Lechersystems, welches im übrigen die oben angegebenen normalen

2*

kurzen Abmessungen aufweisen kann, bewirkt wird. Immerhin sollen die Längen gk bzw. hm etwa 8 bis 10 m betragen.

Der Kurzwellensender a arbeitet mit der Wellenlänge λ_1 entsprechend der Schwingungszahl ν_1 und der Kurzwellensender b mit der Wellenlänge λ_2 entsprechend der Schwingungszahl ν_2.

Es werden nunmehr entsprechend den obigen Ausführungen sowohl die Wellenlänge des Kurzwellensenders a als auch das Kurzwellensenders b mit dem Lechersystem nacheinander bestimmt.

Alsdann bestätigt man beide Sender, deren Wellenlängen eine geringe Wellendifferenz aufweisen soll, so daß Schwebungen entstehen, die eine resultierende Schwingungszahl ergeben von

$$\nu = \nu_2 - \nu_1.$$

Man stellt beispielsweise den Kurzwellensender a auf die Wellenlänge 15 m, den Kurzwellensender b auf die Wellenlänge 14 m ein

Grundwelle $\lambda_1 = 15$ m

Hilfswelle λ_2 in m	$\lambda_1 \cdot \lambda_2$	$\lambda_1 - \lambda_2$	Resultierende Welle λ in m	Hilfswelle λ_2 in m	$\lambda_1 \cdot \lambda_2$	$\lambda_1 - \lambda_2$	Resultierende Welle λ in m
14,00	210,00	1,00	210	14,75	221,25	0,25	885,4
14,10	211,50	0,90	235	14,76	221,40	0,24	922,5
14,20	213,00	0,80	266	14,77	221,55	0,23	963,27
14,30	214,5	0,70	306,5	14,78	221,70	0,22	1007,26
14,35	215,25	0,65	331,15	14,79	221,85	0,21	1056,43
14,40	216,00	0,60	360	14,80	222,00	0,20	1110
14,45	216,75	0,55	394,09	14,81	222,15	0,19	1169,11
14,50	217,50	0,50	435	14,82	222,30	0,18	1235
14,52	217,80	0,48	453,75	14,83	222,45	0,17	1308,53
14,54	218,10	0,46	484,30	14,84	222,60	0,16	1391,25
14,56	218,40	0,44	496,36	14,85	222,75	0,15	1485
14,58	218,70	0,42	520,61	14,86	222,90	0,14	1592,16
14,60	219,00	0,40	547,5	14,87	223,05	0,13	1715,78
14,61	219,15	0,39	561,92	14,88	223,20	0,12	1860
14,62	219,30	0,38	577,1	14,89	223,35	0,11	2032,45
14,63	219,45	0,37	593,1	14,90	223,50	0,10	2235
14,64	219,60	0,36	610	14,91	223,65	0,09	2485
14,65	219,75	0,35	627,87	14,92	223,80	0,08	2797
14,66	219,90	0,34	646,76	14,93	223,95	0,07	3199,48
14,67	220,05	0,33	666,82	14,94	224,10	0,06	3735
14,68	220,20	0,32	688,12	14,95	224,25	0,05	4485
14,69	220,35	0,31	710,81	14,96	224,40	0,04	5610
14,70	220,50	0,30	735	14,97	224,55	0,03	7485
14,71	220,65	0,29	760	14,98	224,70	0,02	11235
14,72	220,80	0,28	788,57	14,99	224,85	0,01	22485
14,73	220,95	0,27	818,33				
14,74	221,10	0,26	850,47				

und erhält alsdann Schwingungen der resultierenden Schwebungs-
wellenlänge von 210 m. Hierbei ist es wesentlich, die Kurzwellensender so aufzubauen, daß eine Wellenvariation der Kurzwellen
von cm zu cm durch Drehen an den Drehkondensatoren möglich ist.

Zur Kontrolle der Wellenlängenveränderung des einen Kurzwellensenders dient der Indikator n (Geißler-Röhre, besser eine
empfindlichere Anordnung wie ein Thermoelement usw.), der auf
dem System verschoben wird.

Unter Berücksichtigung des Vorstehenden erhält man die resultierende Wellenlänge mit:

$$\lambda = \frac{\lambda_1 \cdot \lambda_2}{\lambda_1 - \lambda_2}.$$

Die mit dieser Anordnung herzustellenden Schwebungen mit,
denen ohne weiteres ein Wellenmesser usw. geeicht werden kann,
ergeben sich aus vorstehender Tabelle.

C. Der aperiodische Detektorkreis.

Nicht immer ist es erforderlich, meßtechnisch genau vor-
zugehen. Vielfach will man nur wissen, ob überhaupt Schwingungen vorhanden sind und z. B. bei tönenden Sendern, ob der

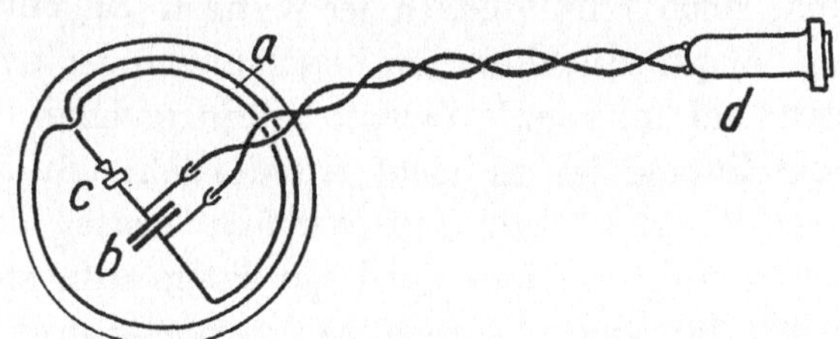

Abb. 19. Schema der Anordnung des aperiodischen Detektorkreises.

erzeugte Ton gut ist. Hierzu ist kein schwachgedämpfter Meßkreis mit regulierbarer Eigenfrequenz erforderlich, der stets ein
gewisses Minimalgewicht und eine dementsprechende räumliche
Größe beansprucht, sondern man kann einen sehr kleinen und
leichten aperiodischen, d. h. keine praktisch hervortretende
Eigenschwingung besitzenden Detektorkreis benutzen. Die Schaltung und Anordnung geht schematisch aus Abb. 19 hervor. a sind
einige Drahtwindungen, b ein Blockkondensator. Beide sind nicht

regulierbar. Zwischen diesen ist der Detektor c eingeschaltet, der absichtlich nicht hochempfindlich sein soll. Parallel zum Blockkondensator liegt ein Telephon d.

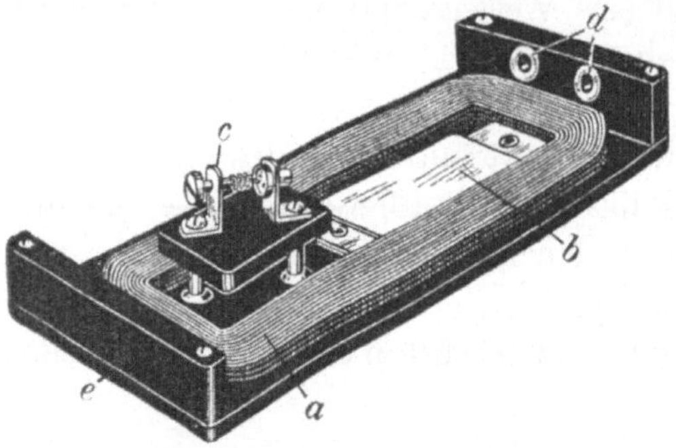

Abgesehen vom Telephon kann man auch alles in einem flachen Behälter einschließen, der bequem in der Hand gehalten und verpackt werden kann.

Die Ausführung eines derartigen aperiodischen Detektorkreises für Laboratoriumsuntersuchungen ist in Abb. 20 wiedergegeben. Unten auf einem Haltebrett ist die Spule montiert und in dieser der Detektor; daneben ist der Blockkondensator und rechts sind die Telephonanschlüsse erkennbar.

Abb. 20. Ausführung des aperiodischen Detektorkreises. Rechts: Stöpsellöcher zum Anstöpseln des Telephons.

D. Der Prüfsummer und Summer.

In vielen Fällen ist es nur erwünscht, festzustellen, ob z. B. die Leitungsführung eines Apparates und die Kontaktstellen in Ordnung sind. Auch tritt vielfach der Wunsch auf, einen Detektor auf seine Empfindlichkeit hin oberflächlich zu untersuchen und annähernd auf maximale Lautstärke einzustellen.

Zu diesem Zweck ist es nicht erforderlich, eine immerhin einen gewissen Raum einnehmende, verhältnismäßig kostspielige und an Starkstrom gebundene Sendeapparatur aufzustellen oder einen gleichfalls für den Amateur häufig nicht ganz leicht zu beschaffenden Wellenmesser zu verwenden. Man gelangt in solchen Fällen weit einfacher zu dem gewünschten Ziel durch eine sog. „Prüfsummeranordnung", die in früheren Zeiten auch „Lockklingel" genannt wurde. Diese Anordnung besteht z. B. gemäß Abb. 21 in einfachster Weise aus einem kleinen Summer oder Klingelunterbrecher a, der mit einer Batterie b, einer Kontaktstelle oder Schalter c und eventuell einer Spule in Serie geschaltet ist. Sobald man die Kontaktstelle (Schalter) betätigt, wird der Elementstrom geschlossen, der Summer eingeschaltet, und die Spule bzw. die Drahtverbindungen sind der Sitz von Schwingungen zwar sehr geringer Energie, die aber immerhin ausreicht, um die vorgenannten Untersuchungen auszuführen. Man kann in sehr einfacher Weise auch Prüfungen so ausführen, z. B. Detektoruntersuchungen, daß man den Detektor einschließlich Blockkondensator und Telephon einpolig an *d* anlegt.

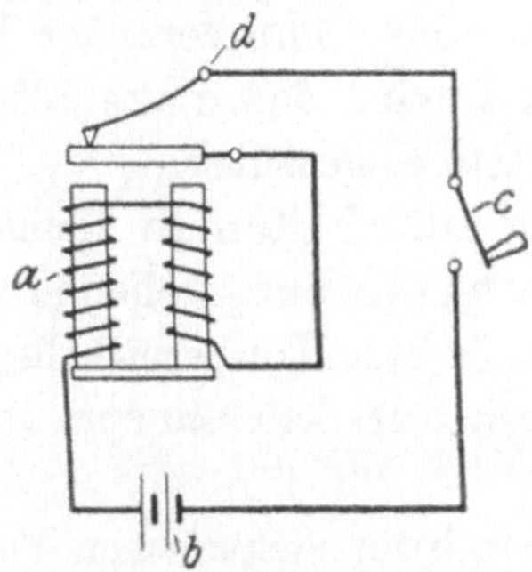

Abb. 21. Schema der Prüfsummeranordnung.

Abb. 22. Prüfsummeranordnung nach E. Nesper, geöffnet.

Eine derartige Apparatur in sehr kleinen räumlichen Abmessungen, die es gestattet, den Prüfsummer auch an nicht ohne weiteres zugänglichen Stellen, also z. B. zwischen die Spulen eines Empfängers zu schalten, gibt Abb. 22 in geöffnetem Zustand wieder.

Die vorbeschriebenen Teile sind aus der Abbildung direkt ersichtlich; die Spule ist auf dem Kastendeckel befestigt, die leicht auswechselbare Batterie ist unten links neben dem Unterbrecher erkennbar.

Eine andere handliche Ausführung des Prüfsummers von M. Baumgart gibt Abb. 23 links in Ansicht und rechts im Schnitt wieder. In einem leichten zylindrischen Gehäuse *e* ist ein gut auswechselbares Element *b* angeordnet, welches

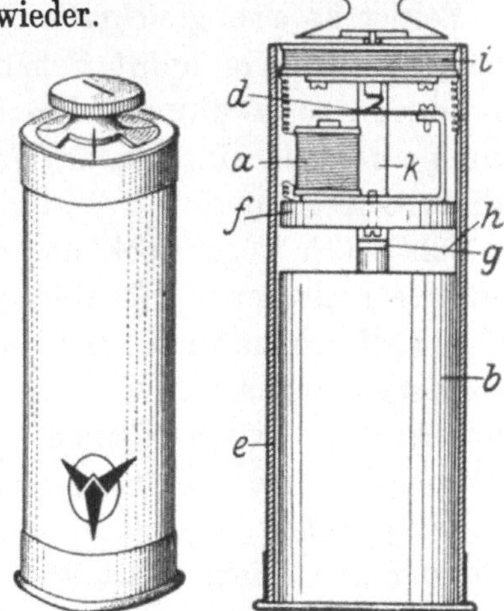

Abb. 23. Ansicht des Prüfsummers und Schnitt durch denselben von Baumgart.

durch Lösen des Bodenverschlusses von *e* herausgenommen werden kann. Uebrigens ist die Benutzungsdauer eine ziemlich lange, da die

Stromentnahme nur äußerst gering ist. Die Kontaktgebung des Elements mit der Grundplatte f, auf welcher der eigentliche Summer a montiert ist, erfolgt einerseits mittels einer Feder g. Der andere Pol des Elements h ist direkt an die über dem Summer angeordnete Induktionsspule i geführt. Die Unterbrechungen des Summers erfolgen an der sehr exakt ausgeführten und besonders rein zu haltenden Kontaktstelle d, welche durch den Summeranker betätigt wird. Durch die kleine Traverse k wird das obere Schild des Gehäuses gegen die Summergrundplatte abgestützt.

Um einerseits den Summer ein- und ausschalten zu können, andererseits eine Nachregulierung der Unterbrechungszellen (Tonhöhe), welche normalerweise im musikalischen Tonbereich liegt, bewirken zu können, ist ein Knopf l oben auf dem Summer vorgesehen.

Dieser Summer hat, abgesehen von seinen elektrischen Vorteilen, einen guten und andauernden, leicht einregulierbaren Summerton zu ergeben und demzufolge eine regelmäßige Unterbrechungswirkung zu bewirken, noch den weiteren Vorteil, daß er bequem in der Tasche mitgeführt werden kann und infolge der kleinen Abmessungen ohne weiteres in Empfänger, Spulen, welche erregt werden sollen, hineingesteckt werden kann.

Ferner ist eine gleichfalls sehr einfache Zusammenschaltung eines Prüfsummers nebst Schalter der Firma Silbertown Co. in London zu erwähnen. Die Einregulierung der Tonhöhe des Summers ist in einfachster Weise durch eine kleine Einstellschraube möglich.

Schließlich möge noch der recht einfach und handlich ausgeführte Prüfsummer „Radiotest“ des Elektroinstallationswerkes G. m. b. H., Frankfurt a. M. erwähnt werden. In einem kleinen handlichen Holzkästchen ist ein recht betriebssicher arbeitender Summer nebst einem kleinen Trockenelement angebracht. Der Summer bzw. die Zuleitung zum Trockenelement sind an zwei Kontakte geführt, die dadurch miteinander verbunden werden, daß in eine an dem Kästchen vorgesehene Kontaktbuchse ein Bananenstecker eingesteckt wird, der durch ein Stück Litzenleitung mit einem weiteren Bananenstecker verbunden ist. Der letztere wird mit dem zu prüfenden Apparat bzw. Apparatteil verbunden. Man hört alsdann im Kopfhörer, wenn die Anordnung in Ordnung ist, das bekannte Summergeräusch.

Es können übrigens die meisten der vorstehend beschriebenen Prüfsummer auch direkt dazu benutzt werden, einen geeichten Wellenmesser als Sender von Schwingungen geringer Energie zu betätigen.

Für die meisten der Untersuchungen, wie sie in den gewöhnlichen Radiolaboratorien vorkommen, werden die vorstehenden Unterbrechungsanordnungen ausreichend sein.

Es kommen jedoch auch Fälle vor, in denen es besonders auch darauf ankommt, eine möglichst konstante Unterbrechungszahl bei reinem Unterbrechungston zu erzielen. In einem solchen Fall muß man zu teuren und komplizierteren Anordnungen greifen, die hier nur flüchtig erwähnt werden können. Recht zweckmäßig können für solche Fälle Saiten-Unterbrecher ev. auch Wehneltunterbrecher sein. Besser jedoch ist der Siemenssche Summerumformer, der bei richtiger Einspannung der Membran eine konstante Periodenzahl und einen reinen Unter-

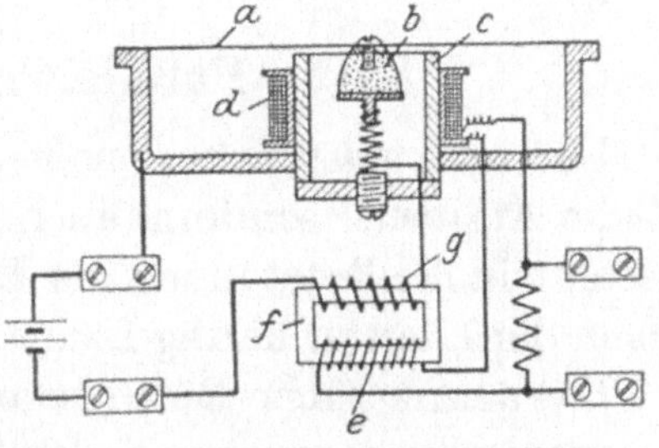

Abb. 24. Schema des Summerumformers von Siemens & Halske.

brecherton erzeugt. Bei den meist gelieferten Summerumformern beträgt die Periodenzahl 550 pro Sekunde.

Das Prinzip, nach dem dieser Summerumformer arbeitet, ist gemäß Abb. 24 kurz folgendes: Im Zentrum einer kreisförmigen Telephonmembran a ist ein Beutelmikrophon b befestigt. Dieses ist von einer magnetisierten Stahlröhre c umschlossen, wobei die Oberkante der Stahlröhre sich in einem geringen einregulierbaren Abstand von der Telefonmembran befindet. Über das Stahlrohr ist eine Spule d geschoben, die mit der Sekundärspule e eines kleinen Induktors f und der Gebrauchsleitung geschaltet ist. Zwischen den Anschlußklemmen für die Gebrauchsleitung liegt ein Widerstand von etwa 100 Ohm, so daß auch bei offener Gebrauchsleitung der Summer arbeiten kann. Die Primärwicklung g des Induktoriums ist mit dem Beutelmikrophon und zwei Akkuzellen zu einem Stromkreis geschlossen. Es kommt hierbei natürlich auf richtige Polarität an. Ist diese gewahrt, schwingt die Membran auf das Stahlrohr zu. Es vermindert sich der Widerstand des Mikrophonkontaktes und der ansteigende Strom induziert in der Sekundärwicklung einen Induktionsstrom, der die magnetische Feldstärke des Stahlrohrs vermehrt und infolgedessen die Membranschwingungen steigert. Sobald die Membran rückwärts schwingt, findet der umgekehrte Vorgang statt, so daß regelmäßige Schwingungen der Membrane auf diese Weise erzielt werden. Man erhält infolgedessen im Primärkreis nur Widerstandsschwankungen und im Sekundärkreis einen verhältnismäßig sehr reinen Sinusstrom, der sich namentlich auch zu Brückenmessungen gut eignet. Sofern Unregelmäßigkeiten oder Schwebungen auftreten sollten, können diese mittels der vorgesehenen Regulierscheibe beseitigt werden.

E. Die Parallelohmmeßanordnung.

Ein sehr wesentliches meßtechnisches Gebiet nicht nur des Radio-Amateurs, sondern auch mancher Runddfunkteilnehmer besteht in der Feststellung der Empfangslautstärke, um so mehr, als in der Literatur häufig Lautstärkeangaben zu finden sind.

Das amerikanische Büro of standard hat Ende 1923 eine Tabelle herausgegeben, in welcher die Lautstärken nach Zahlen eingeordnet sind. Allerdings ist zu bemerken, daß diese Lautstärkezahlen sich auf Radio-Telegraphierzeichen, nicht also direkt auf Telephoniezeichen beziehen. Immerhin können sie doch im wesentlichen auf letztere übertragen werden.

Die Einteilung der Tabelle ist folgende:

0	kein Geräusch	5	ziemlich schwach
1	hörbar	6	ausreichend
2	unlesbar	7	gut
3	lesbar	8	stark
4	schwach	9	sehr stark.

Es geht hieraus hervor, daß Rundfunkteilnehmer mindestens einen Empfang mit der Lautstärke 6 haben müssen, während sehr geschulte Abhörende, die auch physiologisch gut veranlagt sind, unter Umständen noch bis zur Lautstärke 1 herunter abhören können.

Im allgemeinen bedient man sich zur Feststellung der Empfangslautstärke heute noch der nur wenig Hilfsmittel verlangenden, auch für den Radio-Amateur leicht aufzubauenden „Parallelohmmeßanordnung", obwohl für exaktere Zwecke auch andere

Einrichtungen zum Teil schon seit mehreren Jahren bekannt
wurden.

Die hierfür übliche Schaltung bei Benutzung eines Telephons
als Indikator ist gemäß Abb. 25 sehr einfach.

Unter Verwendung irgendeiner Empfangsschaltung wird parallel zum Detektor a oder parallel zum Blockierungskondensator b
ein fein regulierbarer, möglichst kapazitäts- und selbstinduktions-
freier, geeichter Widerstand c, der im Bereich von 0 Ohm bis etwa
zu 500 Ohm hinauf möglichst fein einstellbar ist. Dieser wird so
einreguliert, daß das Geräusch
im Telephon d gerade verschwindet. Je kleiner der abgelesene Parallelwiderstand
ist, um so größer ist c p die
Empfangsenergie.

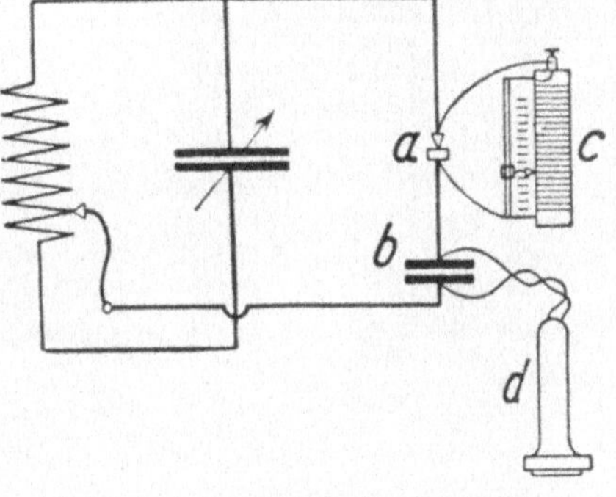

Abb. 25. Parallelohmschaltungsanordnung.

Anstelle des Widerstandes
kann man auch eine veränderliche Kopplungsanordnung anwenden, mittels derer der Detektorkreis mit dem emp-
fangenden System gekoppelt
wird. Auch hierbei ist die Festigkeit der Kopplung mindestens
ein relatives Maß für die Empfangsenergie, bzw. Stromstärke.

Man kann auch das Telephon d durch ein hochempfindliches
Galvanometer (Empfindlichkeit 10^{-6} bis 10^{-7} oder darüber) ersetzen, den Parallelwiderstand ganz fortlassen und somit direkt
die Empfangsstromstärke bestimmen.

Abb. 26 zeigt die in Abb. 25 dargestellten Einzelelemente,
die sich der Amateur zusammenschalten kann, wobei sich die
betr. Buchstaben entsprechen.

Neuerdings wird häufig nicht mehr, wie dies früher üblich
war, der Wert in Parallelohm angegeben, wobei also eine Parallel-
ohmzahl einer geringen Empfangslautstärke entsprach, sondern
es wird das reziproke Verhältnis angegeben.

Man bezeichnet also

$$\text{Lautstärke} = 1 + \frac{\text{Telephonwiderstand}}{\text{Parallelohmwiderstand}}.$$

In diesem Ausdruck ist zweckmäßigerweise der Telephonwider-
stand mitberücksichtigt.

In der Praxis wird meist die Parallelohmmethode mit Hörempfang (Abb. 25 und 26) angewandt. Ihre Nachteile sind das subjektive Abhören mit dem Telephon, wodurch sehr erhebliche[1] Fehler möglich sind und insbesondere die Tatsache, daß die Detektoren weder hinsichtlich ihrer Empfindlichkeit gleichartig sind, noch während der Aufnahme oder im Ruhezustand immer konstant bleiben. Wohl der wesentlichste Nachteil ist aber der, daß zwischen Empfangsstromstärke bzw. Empfangsenergie und der Größe des Parallelwiderstandes keine Proportionalität besteht. Infolge dieses und der anderen Nachteile kommt die Parallelohmmethode nur für vergleichende quantitative Messungen inbetracht.

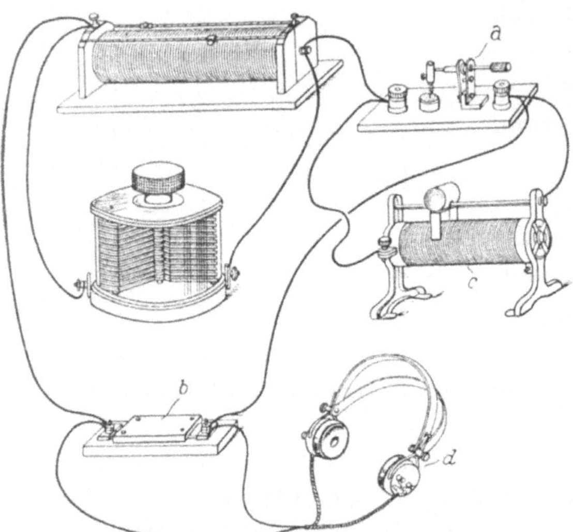

Abb. 26. Umrißskizze der oben schematisch wiedergegebenen Parallelohmschaltung.

Es sind von verschiedenen Seiten Parallelohmmeßanordnungen unter mancherlei Bezeichnungen auf den Markt gebracht worden. Kurz sei noch auf den Lautstärkemesser von Neufeldt&Kuhnke (Kahnhold) hingewiesen, der infolge seiner konstruktiven Ausgestaltung in erster Linie für die rasche Untersuchung von Telephonen, aber auch für andere Parallelohmmessungen geeignet ist.

Dieser Lautstärkemesser beruht darauf, daß das zu prüfende Telephon bzw. die Schalldose eines Lautsprechers durch Wechselstrom erregt wird und auf ein Mikrophon durch Luftkupplung

[1] Infolge der physiologischen Verschiedenheiten bei verschiedenen Experimentatoren können Differenzen in der Lautstärkenaufnahme bis zu mehreren 100 Prozent auftreten. Es kommt weiterhin beim tönenden Empfang hinzu, daß auch die Tonhöhe noch wesentlich mitspricht, da die tieferen Töne erheblich stärker akustisch gedämpft sind als hohe Töne. Wo hier das Optimum liegt, ist bis jetzt gleichfalls noch nicht genau festgestellt worden.

einwirkt. Infolgedessen schwingt die Mikrophonmembran im gleichen Rhythmus und in derselben Amplitude wie die erregte Schalldosenmembran. Es kann also die Amplitude der Mikrophonmembran als ein relativer Maßstab für die Lautstärke der zu prüfenden Schalldose angesehen werden. Ein besonderer Vorteil dieser Methode ist der, daß die Größe der Mikrophonamplitude durch ein Meßinstrument, das in den Stromkreis des Mikrophons eingeschaltet ist, abgelesen werden kann. Die Einschaltung dieses Meßinstrumentes erfolgt allerdings nicht direkt, sondern induktiv durch einen Transformator. Auf diese Weise wird

Abb. 27. Lautstärkemesser insbesondere für Kopfhörer.

erreicht, daß die Messungen von Mikrophonerschütterungen im wesentlichen unbeeinflußt bleiben. Durch den zwischengeschalteten Transformator ist eine gewisse Gewähr gegeben, daß nur die durch die akustische Einwirkung der zu prüfenden Schalldose im Mikrophonkreis entstehenden Wechselströme gemessen werden. Man kann die Skala des Meßinstrumentes auch direkt in Lautstärkewerten eichen.

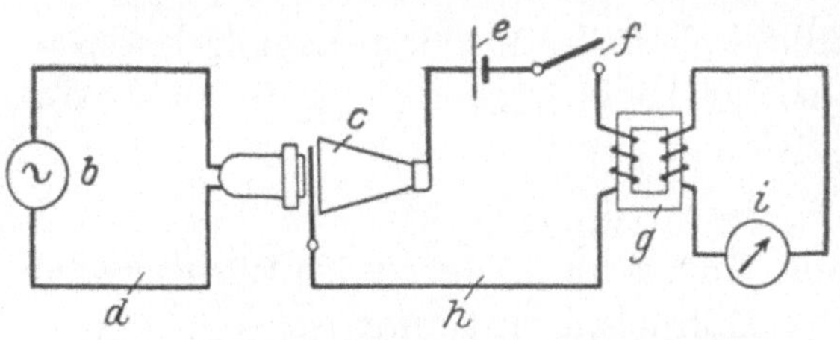

Abb. 28. Schaltung des Lautstärkemessers von Neufeld & Kuhnke.

Das Äußere des Lautstärkemessers geht aus Abb. 27 hervor. Die Schaltungsanordnung ist aus Abb. 28 zu entnehmen.

a ist die zu messende Schalldose (z. B. ein Telephon), die durch eine passende Wechselstromquelle, b deren Tonhöhe am besten regulierbar ist, erregt wird. Die von der Schalldose erzeugten Schallwellen wirken auf das Mikrophon c ein, das zusammen mit einer Stromquelle e, einem Schalter f und der Primärwicklung eines Transformators g einen geschlossenen Stromkreis h bildet. An die Sekundärspule des Transformators g ist das erwähnte Meßinstrument i angeschlossen.

Die Auflage der Hörer- bzw. Lautsprecherschalldose erfolgt gemäß Abb. 27 auf die Schallführung a. Diese ist an die oben auf der Platte erkennbaren Kontakte angeschlossen. Ein weiterer Anschluß ist für einen Tonsummer bestimmt. Darunter ist das Meßinstrument angebracht, dessen Skala wie gesagt direkt in Lautstärkewerten geeicht sein kann. Von den in den Apparat eingebauten zwei Widerständen, die mit Reguliergriffen versehen sind, dient der eine zur Einstellung der Empfindlichkeit (Parallelohmwiderstand), der andere zur Summerregulierung. Außerdem ist noch ein Gleichrichter vorgesehen sowie Anschlüsse für Batterien, ein Transformator, zwei Induktionsspulen und Anschlußkontakte für einen Detektor.

Bei dem auf der Parallelohmmeßmethode beruhenden Lautstärkemesser liegt der erwähnte Widerstand parallel zum Telephon und wird so lange variiert, bis die Zeichen nahezu verschwinden. Da dieser Widerstand vom Telephonwechselstromwiderstand abhängig ist, kann man bei dem Verhältnis

$$\frac{\text{Telephonwiderstand}}{\text{Parallelwiderstand}} + 1$$

die Größe 1 bei großen Lautstärken, also bei kleinen Widerständen vernachlässigen.

Innerhalb des Meßbereiches, der für den Lautstärkemesser inbetracht kommt, also für Lautstärkewerte von 0 bis 10, gilt praktisch folgende Beziehung:

$$L \sim c \cdot I_{\text{prim}} \cdot I_{\text{sek}}.$$

Hierin bedeutet: $c =$ eine Konstante, die durch den Wirkungsgrad des Mikrophons bestimmt ist,

$I_{\text{prim}} =$ die Stromstärke im primären Meßstromkreis,

$I_{\text{sek}} =$ die Stromstärke im sekundären Telephonkreis.

Für das Produkt $c \cdot I_{\text{prim}}$ bei der Lautstärke 1 ist der Zahlenwert 24 einzusetzen. Demgemäß ergibt sich der Wert des Erregerstromes $I_{\text{sek}} = 1{,}25 \cdot 10^{-5}$. Es ergibt sich für die Lautstärke 1:

$$L_1 = 1 \cdot 24 \cdot 1{,}25 \cdot 10^{-5}$$

und für die Lautstärke 2:

$$L_2 = 2 \cdot 24 \cdot 1{,}25 \cdot 10^{-5}$$

und für die Lautstärke 3:

$$L_3 = 3 \cdot 24 \cdot 1{,}25 \cdot 10^{-5}$$

usw. bis zur Lautstärke 10.

F. Die Wheatstonesche Brücke.

Die Wheatstonesche Brücke ist eine der Fundamentalmeß-
anordnungen nicht nur der Radiotechnik, sondern überhaupt der
gesamten Elektrotechnik. Es ist mit dieser Brückenanordnung in
einfachster Weise möglich, Ohmsche Widerstände verschiedenster
Größen zu messen, sofern eine Gleichstromspannungsquelle und
ein Galvanometer benutzt werden. Es ist aber ferner möglich,
mit der Brücke auch Kapazitäten, Selbstinduktionen usw. zu
messen, wenn anstelle der Gleichstromquelle für die Erregung
eine Nieder-, Mittel- oder Hochfrequenzquelle gewählt wird, und
wenn anstelle des Galvanometers ein Indikator für Wechselstrom-
impulse wie beispielsweise ein Telephon Anwendung findet.

Das Grundschema der Wheatstoneschen Brücke ist in Abb. 29
wiedergegeben, ab ist ein Meßdraht konstanter Dicke (meist wird
ein solcher in der Stärke von etwa
0,3 bis etwa 0,5 mm aus einem passenden Widerstandsmaterial von
etwa 2 Ohm Widerstand gewählt),
auf welchem ein Kontaktschieber c
schleift. An den Endpunkten g
und h des Meßdrahtes sind die anderen Brückenzweige w_x und w_b angeschlossen, derart, daß diese sich

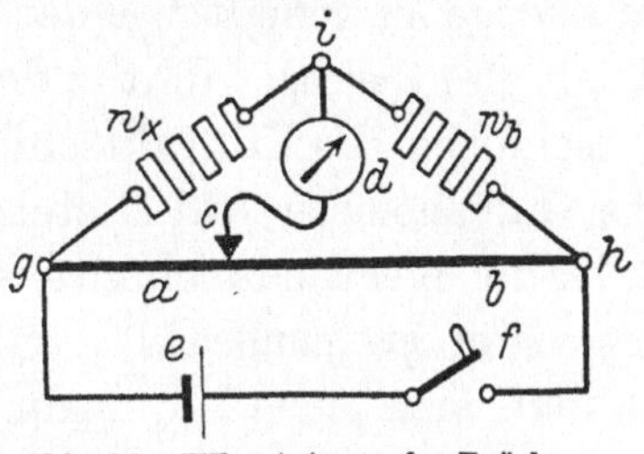

Abb. 29. Wheatstonesche Brückenschaltung für Gleichstrom.

andererseits in einem gemeinsamen Punkt i treffen. An dem Punkt i
ist die Verbindungsleitung des Kontaktschiebers c angeschlossen,
in welchem ein Galvanometer d, möglichst ein Drehspulinstrument,
eingeschaltet ist.

Zur Erregung der Brücke dient eine Gleichstromquelle e und
zur Ein- und Ausschaltung ein Schalter f. Der Widerstand w_x
ist der zu messende Widerstand.

Der Widerstand w_b ist ein normaler geeichter Widerstand,
der, um die Brücke in sehr großem Meßbereich verwenden zu
können, auswechselbar ist. Man sieht beispielsweise vier normale
geeichte Widerstände vor, welche die Größen haben von 1 Ohm,
10 Ohm, 100 Ohm und 1000 Ohm. Es ist somit möglich, den
Meßdraht ab tunlichst im Mittelbereich zu benutzen, was mit
Rücksicht auf die Meßgenauigkeit erforderlich ist.

Die Brücke ist abgeglichen, wenn der Zeiger des Galvanometers
d auf 0 steht.

Es kann vorkommen, daß insbesondere bei den Grenzwerten einer Meßbrücke ein scharfes Einstellen des Zeigers auf 0 nicht möglich ist. In einem solchen Fall stellt man zweckmäßig mindestens zwei Skalenwerte ein und bildet den Mittelwert, der alsdann mit großer Annäherung dem Sollwert entspricht. Man geht meßtechnisch am besten so vor, daß man den Kontaktschieber auf dem Meßdraht von rechts nach links verschiebt bis der Zeiger einigermaßen auf 0 einspielt und sodann in derselben Weise durch Verschieben von links nach rechts wiederum die ungefähre Nulleinstellung des Galvanometers erreicht ist. Eventuell ist, wie gesagt, dieses mehrmals zu wiederholen, um einen möglichst genauen Mittelwert zu finden.

Es gilt unter allen Umständen in der Brücke die Beziehung, daß der Spannungsabfall sich im Zweige $g\,i$ zum Spannungsabfall im Zweige $h\,i$ verhält wie der Widerstand w_x zum Widerstand w_b. Wenn nun Gleichgewicht in der Brücke hergestellt wird, was durch Verschieben des Kontaktschiebers c bewirkt wird, so lange, bis das Galvanometer auf 0 steht, also kein Strom mehr durch das Galvanometer hindurchtritt, so verhält sich der Spannungsabfall in $g\,c$ zum Spannungsabfall in $h\,c$ wie der Widerstand a zum Widerstand b. Man kann also, da die Spannungsabfälle bzw. Spannungen in den Brückenzweigen $g\,i$ und $g\,c$ bzw. in den Brückenzweigen $h\,i$ und $h\,c$ gleich sind und sich infolgedessen aus den Relationen herausheben, schreiben

$$a : b = w_x : w_b,$$

also

$$w_x = \frac{a}{b} \cdot w_b.$$

Die Wheatstonesche Brücke ist für Hochfrequenzzwecke in mannigfaltigster Weise abgeändert worden. So stellen u. a. die nachstehend beschriebene Kapazitätsmeßbrücke und die weiter unten benutzte Selbstinduktionsmeßbrücke entsprechende Anwendungsform der Wheatstoneschen Brücke dar.

Auch für andere Anordnungen wie beispielsweise für Glimmbrücke usw. ist die Wheatstonesche Brückenanordnung, die auch sonst in der Hochfrequenztechnik eine große Rolle spielt, zugrunde gelegt worden.

Um die Wheatstonesche Brücke für Wechselstromspannungen geeignet zu machen, ist es erforderlich, anstelle der Gleichstromerregung der Brücke Wechselstromerregung vorzusehen. Es genügt für die meisten Spannungen bereits, wenn man eine Wechselstromquelle benutzt, welche niederfrequente und mittelfrequente Schwingungen erzeugt. Man erhält im Prinzip eine Anordnung, die aus Abb. 30 hervorgeht. Hierbei ist l ein Unterbrecher. Als Unterbrecher kann man bereits den Hammerunterbrecher einer gewöhnlichen Klingel benutzen. Indessen sind die Unterbrechungen meist unregelmäßig, und die Tonlage ist ziemlich tief, so daß sie i. a. nur als Geräusch herauskommt, was für Meßzwecke nicht so geeignet ist wie Schwingungen in Tonfrequenz. Diese kann man ohne weiteres mit einem kleinen Summerunterbrecher erhalten, der einige hundert Schwingungen pro Sekunde verhältnis-

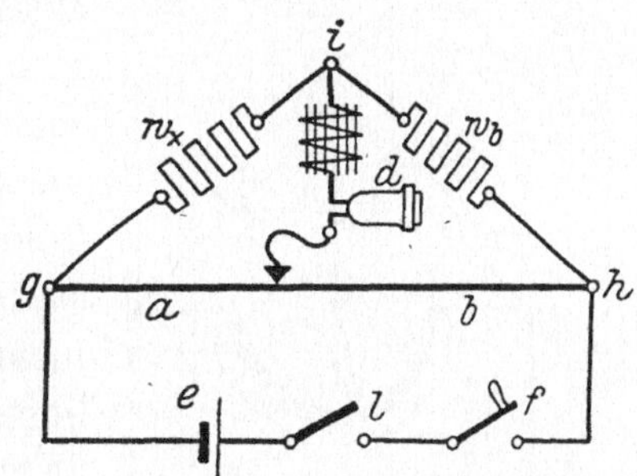

Abb. 30. Wheatstonesche Brückenschaltung für Wechselstrom.

mäßig gleichmäßig ausführt. Es empfiehlt sich, eine Summerausführung zu wählen, die exakt hergestellt ist, und bei welcher die Unterbrechungszahl möglichst bis auf etwa 500 pro Sekunde gesteigert werden kann, da für diese Unterbrechungszahl die meisten Telephone, die für die Meßanordnung benutzt werden, die größte Empfindlichkeit aufweisen.

Die Verwendung der Wheatstoneschen Wechselstrommeßbrücke ist im Prinzip genau dieselbe wie bei der Gleichstrombrückenanordnung. Die Brücke ist so lange abzugleichen, teils durch Auswechselung der entsprechenden Größen im Zweig w_b teils durch Verschieben des Kontaktreiters auf dem Meßdraht $a\,b$, bis das Geräusch im Hörer verschwunden ist. Gegebenenfalls muß auch hierbei wieder der genaue Mittelwert zwischen dem Verschwindungspunkt des Geräusches und dem Wiederbeginn interpoliert werden.

a) Die Kapazitätsmeßbrücke[1].

Kapazitätsmessungen sind nicht nur von den weiter vorgeschritteneren Bastlern, sondern auch von den etwas bastelnden Rundfunkteilnehmern gar nicht so selten auszuführen. Bereits,

---

[1] Siehe auch S. 75.

wenn es sich darum handelt, die Messung der Antennenkapazität
zu bewirken, ist man vor diese Aufgabe gestellt. Wenn man
einen geeichten Wellenmesser besitzt, so lassen sich allerdings
die meisten Kapazitätsmessungen ohne weiteres herstellen. Indessen ist eine Umrechnung der Kapazität aus der Wellenlänge
erforderlich, wobei die Selbstinduktion der jeweilig verwendeten
Spule bekannt sein muß. Es ist nicht jedermanns Sache, derartige Umrechnungen auszuführen,
insbesondere, da sich hierbei, wenn
man nicht über die nötige Routine
verfügt, leicht Fehler einschleichen
können. Es ist infolgedessen verständlich, daß sich schon verhältnismäßig frühzeitig das Bestreben
herausgebildet hat, besondere Kapa-
zitätsmeßanordnungen herzustellen,
welche tunlichst ohne Rechnung sofort den Kapazitätswert ergeben. Die
meisten dieser Anordnungen arbeiten
mit Niederfrequenz- bzw. Mittel-
frequenzerregung. Man mißt infolge-

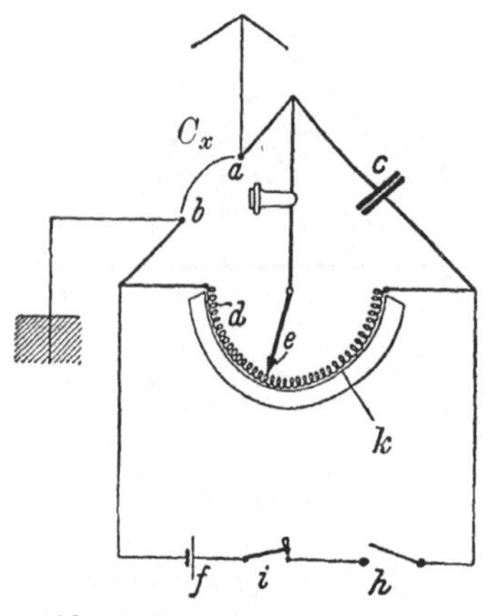

Abb. 31. Kapazitätsmeßbrückenschaltung nach Wheatstone.

dessen auch nur die statische Kapazität und nicht die Hochfrequenzkapazität, die von dieser etwas verschieden ist.

Für Kapazitätsmeßbrücken wird die Wheatstonsche Brückenschaltung in irgendeiner Form verwendet.

Abb. 31. zeigt das Schaltungsschema einer derartigen Kapazitätsmeßbrücke. Der Schaltung liegt die Wheatstonesche
Brückenanordnung zugrunde. In den einen Brückenzweig, und
zwar an zwei hierzu vorgesehene Kontaktklemmen a und b werden
Antenne und Erdung angeschlossen, in den anderen Brückenzweig ist ein fester unveränderlicher Glimmerblockkondensator c
eingeschaltet. Die unteren beiden Brückenzweige werden durch
einen mit Gleitkontakt versehenen Ohmschen Widerstand d gebildet, wodurch eine nahezu kontinuierliche Widerstandsvariation
ermöglicht ist. Am Gleitkontakt e dieses Widerstandes ist ein
Zeiger angebracht, welcher eine direkt in Kapazitätswerten geeichte Skala bestreicht. Außerdem ist in, bzw. an dem die Meßbrücke enthaltenden kleinen Kasten eine Batterie f nebst einem
Summer h und einem Schalter i vorgesehen. Es wird auf das Mi-

nimum des Geräusches im Telephon eingestellt. Die Brücke ist alsdann abgeglichen, und es ist: $C_x = \dfrac{k}{d} \cdot C$. Da C konstant bleibt, kann der Widerstand dk geeicht werden.

Diese Kapazitätsmeßbrückenschaltung, deren Meßgenauigkeit nicht sehr hoch ist, ist für einen Kapazitätsbereich von 50 cm bis 10000 cm geeignet.

Gerade bei Kapazitätsmessungen kann der Meßdraht mit dem Kontaktschieber zu Mißhelligkeiten Veranlassung geben. Infolgedessen ist von der Firma Gebr. Ruhstrat A. G. (Göttingen), eine einfache Kapazitätsmeßbrücke hergestellt worden, bei welcher der Meßdraht mit dem Kontaktschieber vermieden ist, und an dessen Stelle ein Satz fester induktions- und kapazitätsfrei gewickelter Präzisionswiderstände benutzt ist, die durch Umschaltung mittels eines Telephonsteckers in die Brückenanordnung eingeschaltet wird. Die Widerstände sind so ausgeführt, daß sie in Verbindung mit dem veränderlichen Kondensator gut sich überlappende Meßbereiche ergeben. Als variables Glied bei dieser Meßbrücke dient ein veränderlicher Drehkondensator besonderer Ausführung (siehe folg. Seite), bei welchem mit dem inneren Plattensatz eine Achse verbunden ist, die horizontal gelagert ist. Der feste Plattensatz ist durch einen zylindrischen Mantel gekapselt, auf welchem direkt die Teilung in Zentimetern in Form von drei Skalen für drei Meßbereiche angebracht ist. Die jeweilig in Betracht kommende Skala ist eindeutig durch die Stellung des Telephonsteckers

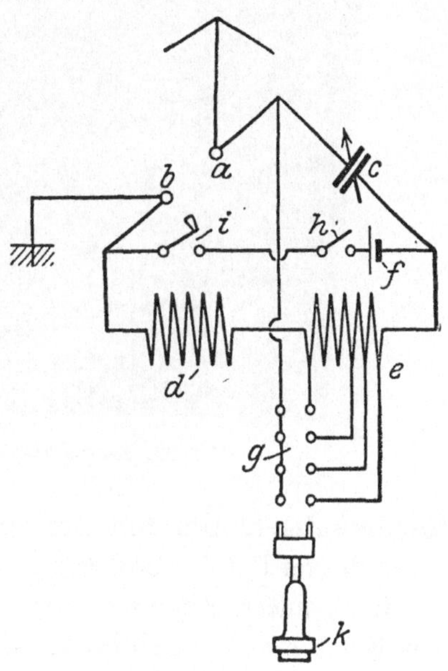

Abb. 32. Kapazitätsmeßbrückenschaltung von G. Seibt.

bezeichnet, so daß mit dieser Brücke der Meßbereich von etwa 50 cm bis 90000 cm beherrscht wird. Die Ablesungsmöglichkeit ist ähnlich ausgeführt wie bei einem Rechenschieber.

Es ist zu beachten, daß bei mittleren und großen Wellen-

3*

längen die Hochfrequenzkapazität der Antenne der statistischen
Kapazität, die mittels der Meßbrücke gemessen wird, nahezu
identisch ist, während mit Verkleinerung der Wellenlänge der
Unterschied zwischen statischer Kapazität und Hochfrequenzkapazität mehr und mehr zunimmt.

Eine wesentlich genauer arbeitende Meßbrückenschaltung als
die eingangs erwähnte ist die in Abb. 32 dargestellte Anordnung
nach G. Seibt. Anstelle des häufig zu großen Ungenauigkeiten
Veranlassung gebenden Schiebewiderstandes sind zwei genau kali-
brierte Spulen d und e benutzt. Als variables Glied dient der

Abb. 33. Kapazitätsmeßbrücke nach G. Seibt.

Kondensator c. Um mit der Brücke einen sehr großen Bereich,
nämlich von 150 bis 105000 cm Kapazität beherrschen zu können,
ist die Spule e mit vier Anzapfungen verbunden, welche nach
den Kontakten g hinführen. Das Telephon k muß in die entsprechende Kombination eingestöpselt werden, und zwar reicht
der oberste Bereich von 50 bis 1050 cm, der nächste von 100 bis
4200 cm, der dritte von 1000 bis 21000 cm, der vierte von 5000
bis 105000 cm. Die übrigen Elemente und Bezeichnungen entsprechen denjenigen in Abb. 31.

Ein Ausführungsmuster der Seibtschen Kapazitätsmeßbrücke stellt Abb. 33 dar. Ganz oben in der Abbildung sind die

zum Anschluß der zu messenden Kapazität vorgesehenen Kontaktklemmen erkennbar. Darunter ist der kontinuierlich veränderliche Kondensator c montiert. Im unteren Teil befinden sich der Summer und die vier Kontaktstellen für die Einstöpselung des rechts im Deckel befindlichen Telephons sowie ferner der Schalter für die Ein- und Ausschaltung des Summers. Da die Summerbatterie unten im Kasten angeordnet ist, sind sämtliche Teile zum Betriebe der Kapazitätsmeßbrücke im Kasten in Bereitschaft.

Für die Abgleichung der Brücke gilt wieder der Ausdruck:

$C_x = \dfrac{e}{d} \cdot c$; da e und d konstant bleiben, kann man c direkt eichen.

Die Brücke wird mit den zugehörigen Eichkurven zusammen geliefert.

b) Lautstärkeprüfer von Gans & Goldschmidt.

Genauere Meßresultate als mit dem gewöhnlichen Parallel-Ohmwiderstand werden selbstverständlich erhalten, wenn man eine Wheatstonesche Brückenschaltung verwendet. Eine solche ist

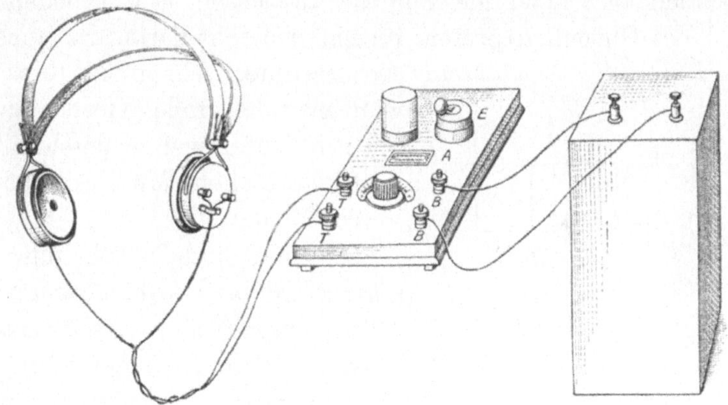

Abb. 34. Lautstärkeprüfer (Wheatstonesche Brückenanordnung von Gans & Goldschmidt)

bei dem Lautstärkeprüfer von Gans & Goldschmidt gemäß Abb. 34 verwendet.

In der einen Diagonale der Brücke ist die Batterie nebst Summer eingeschaltet, während in der anderen der Hörer für Nullinstrument eingeschaltet ist. An die Kontakte rechts wird die Batterie angeschlossen.

Bei Abgleichung der Brücke, was mittels des aus der Abbildung vorn erkennbaren Drehknopfes geschieht, der einen Zeiger trägt, welcher die Eichskala bestreicht, ist das Geräusch im Hörer, welcher an die links in der Abbildung erkennbaren Kontakte angeschlossen wird, ein Minimum.

Ein derartiger Lautstärkeprüfer kann nicht nur dazu benutzt werden, um die Empfindlichkeit von Hörern, Detektoren usw. festzustellen, sondern er ermöglicht auch die Messung und den Vergleich der Lautstärke der verschiedenen T.-R.-Sender.

G. Der Glimmlichtprüfer.

Die Glimmlichtlampe (Glimmlampe) dient seit Jahren für mannigfaltigste Untersuchungs- und Meßzwecke (s. auch Kap. I B., S. 18) sofern an der Meßstelle eine genügende Spannung, wie sie ein Lichtnetzanschluß fast stets hergibt, zur Verfügung steht.

Eine besondere Kombination einer Glimmlichtlampe mit einem Kondensator, einem hohen Ohmschen Widerstand und einem Telephon ist von H. Geffken und H. Richter angegeben worden. Diese kann in besonders einfacher Weise dazu dienen, Kapazitäten und Widerstände zu vergleichen bzw. zu messen. Ein besonderer Vorteil des Glimmlichtprüfers besteht vielleicht darin, daß auch Kondensatoren sehr großer Kapazität und sehr große Widerstände mit dem Prüfer meßtechnisch mit relativ einfachen Mitteln erfaßt werden können.

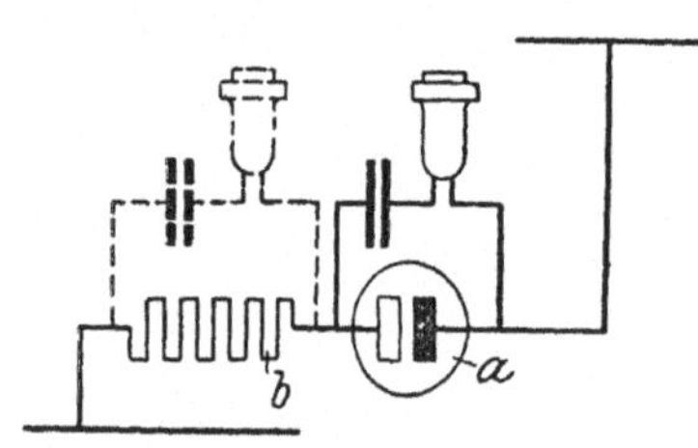

Abb. 35. Prinzip der Schaltungsanordnung des Glimmlichtprüfers.

Das grundsätzliche Schaltungsschema folgt aus Abb. 35, woraus die erwähnten Schaltungselemente erkennbar sind. Es ist nun ferner eine Umschaltvorrichtung vorgesehen, welche es erlaubt, die Serienkombination von Kondensator und Telephon nicht nur parallel zur Glimmlichtröhre a sondern auch parallel zum Widerstand b zu schalten. In dieser Schaltungsanordnung besteht ein besonderer Voteil.

Die bei dem Glimmlichtprüfer auftretende Erscheinung ist die, daß bei Einschaltung die Aufladung des Kondensators mehr oder weniger rasch erfolgt je nach Größe desselben und nach der Größe des Widerstandes b. Hat die Kondesatorladung schließlich einen bestimmten Betrag erreicht, so leuchtet die Glimmlichtlampe auf, bis die Ladung des Kondensators erschöpft ist. Eine rasche Wiederaufladung des Kondensators ist durch den großen

Widerstand b unmöglich gemacht. Der Vorgang wiederholt sich alsdann von neuem, und man hört die Impulse, deren Frequenzzahl innerhalb sehr weiter Grenzen entsprechend eingestellt werden kann, im Telephon ab.

Schaltet man die Anordnung um, so daß die Serienkombination von Kondensator und Telephon parallel zum hohen Ohmschen Widerstand liegen, so wird dadurch eine ähnliche Wirkung hervorgerufen, da der Kondensator eine gewisse Leitfähigkeit besitzt. Bei dieser Schaltung wird also die Frequenzzahl der Pulsation eine entsprechend höhere sein.

Der Widerstand b muß unter Umständen sehr große Werte betragen, etwa solche bis zum Werte von 1 Megohm herauf, eventuell noch darüber. Bei Nichtvorhandensein eines solchen Widerstandes kann man mit Vorteil sich einer Röhre bedienen, deren innerer Widerstand, der durch Variation der Heizung innerhalb gewisser Grenzen beliebig einregulierbar ist, im allgemeinen recht hohe Werte aufweist. Eine Anwendung der Brücke besteht beispielsweise darin, daß man anstelle des vorgesehenen Kondensators

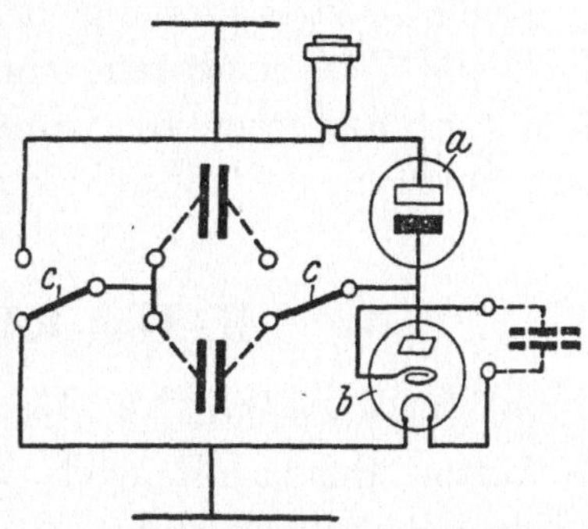

Abb. 36. Ausgeführte Schaltungsanordnung des Glimmlichtprüfers.

mittels einer weiteren an der Prüfeinrichtung angebrachten Schaltvorrichtung einen zu untersuchenden Kondensator anschaltet. Entspricht dieser zu untersuchende Kondensator bezüglich seiner Isolation dem Kondensator des Glimmlichtprüfers, so wird man in beiden Fällen die gleiche Tonhöhe mit dem Telephon feststellen können. Weist der zu untersuchende Kondensator indessen Verluste auf, so macht sich dies durch eine Tonvariation bemerkbar.

Bei der Ausgestaltung des Apparates für Prüfungs- und Meßzwecke liegt die Anordnung von Abb. 36 zugrunde. Hierin bezeichnet wieder a die Glimmlichtlampe, deren Temperatur übrigens für die Schwingungsfrequenz des Kreises mitbestimmend ist, b ist der hohe Ohmsche Widerstand, bestehend in einer Elektronenröhre, und dessen Widertandsgröße, wie schon gesagt, durch die Heizspannung einregulierbar ist. c sind zwei Schalter, welche die vorerwähnte Umschaltung der Serienkombination von Kondensator und Telephon entweder parallel zur Glimmlichtröhre *a* oder parallel zum Widerstand *b* zulassen, wobei entweder der bekannte Kondensator oder zu messende Kondensator verwendet werden kann. Es wird zunächst der zu messende Kondensator eingeschaltet und die Heizspannung der Röhre so bemessen, daß im Telephon ein Ton im Bereiche von etwa 500 Schwingungen pro Sekunde erzielt wird. Sodann wird durch Betätigung des Schalters der bekannte Kondensator eingeschaltet, wodurch der im Telephon erzielte Ton tiefer oder höher sein wird. Es wird nun wieder auf dieselbe Tonhöhe wie bei dem zu messenden Kondensator eingestellt und auf diese Weise wird der Wert des zu messenden Kondensators gefunden.

Auch Isolationsmessungen können mit dem Glimmlichtprüfer auf diese Weise hergestellt werden, indem alsdann noch der linke Schalter *c* nach oben bzw. unten gelegt und festgestellt wird, ob eine Änderung der Tonhöhe dadurch eintritt.

H. Das Röhrenvoltmeter.

a) Grundsätzliche Röhrenvoltmeterschaltungen.

Unter Röhrenvoltmeter versteht man nach K. Hohage Röhrenschaltungen, die auf der Ventilwirkung der Röhren beruhen, und die in mannigfaltigster Weise abänderungsfähig sind; bei diesen können unter Benutzung einer Hochvakuumröhre mittels eines Gleichstrominstrumentes (Milliamperemeters) Spannungen gemessen werden. Vorweg sei bemerkt, daß Röhrenvoltmeter in der Hauptsache dazu geeignet sind, Wechselspannungen zu messen bzw. zu vergleichen, bei welchen die Spannungskurvenform nicht allzu verschieden ist. Im übrigen sind

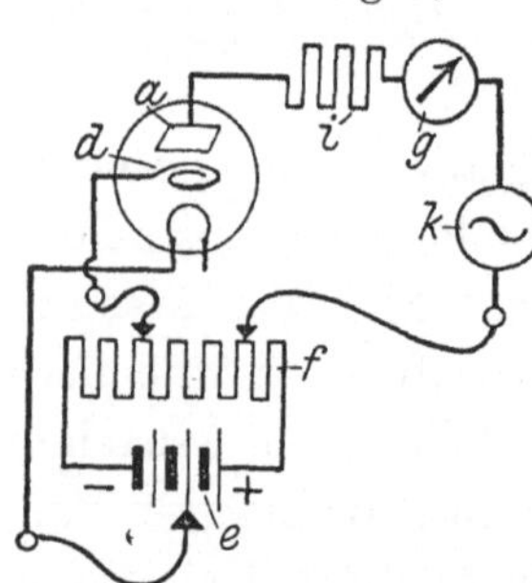

Abb. 37. Prinzip der Röhrenvoltmeterschaltung von K. Hohage.

aber die Meßresultate vollkommen unabhängig von der Frequenz des gemessenen Stromes.

Eine der ursprünglichsten Hohageschen Röhrenvoltmeterschaltungen ist in Abb. 37 wiedergegeben. Bemerkenswert ist hierbei, daß die Batterie *e* über einen Widerstand *f* geshuntet ist, und daß von diesem Potentiometer sowohl die Spannung für das

Gitter d als auch für die Anode a abgezweigt werden kann. In die Anodenzuführung ist ferner außer dem Gleichstrommilliamperemeter g noch weiter zur Empfindlichkeitsregulierung ein Widerstand i eingeschaltet. Außerdem ist eine Wechselspannungsquelle k, zwischen Potentiometerwiderstand f und Milliamperemeter g vorgesehen.

Zur Einregulierung der Röhrenvoltmeteranordnung wird die Gitterspannung so gewählt, daß man bei der jeweils benutzten Anodenspannung an der oberen Knickstelle der Anodenspannungscharakteristik arbeitet. Wenn nun der Anordnung durch k eine Wechselspannung aufgedrückt wird, so werden die Wechselamplituden die Anodenspannungsbeträge teils vergrößern, teils verkleinern, und zwar folgt der Ausschlag am Milliamperemeter g, dem quatratischen Mittelwert der Wechselspannungsbeträge.

Mit einer Anordnung wie dargestellt, können Spannungen im Bereich von etwa $^1/_{10}$ bis hinauf zu einigen 100 Volt gemessen werden.

Es ist aber auch möglich, die Röhrenvoltmeter in der Weise aufzubauen, daß man die Wechselspannung nicht dem Anodenkreis, sondern vielmehr dem Gitter der Röhre aufdrückt, wozu man eine Schaltungsanordnung etwa Abb. 38 entsprechend, verwenden kann. Hierdurch wird u. a. der Vorteil erzielt, den Meßspannungsbereich herab bis auf etwa $^1/_{100}$ Volt ausdehnen zu können. Selbstverständlich ist bei dieser Schaltungsanordnung Vorsicht geboten, damit nicht etwa eine Frequenzabhängigkeit durch An-

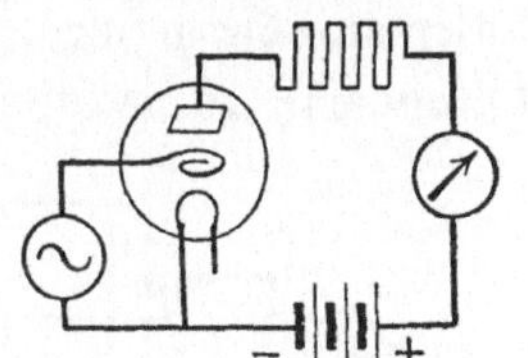

Abb. 38. Röhrenvoltmeterschaltung bis zu sehr kleinen Wechselspannungen herab geeignet.

kopplungselemente des Gitters hineingelangen kann. Es ist erforderlich, das Gitter genügend negativ zu machen, um entweder auf dem unteren Knick der Gittercharakteristik zu bleiben, wobei alsdann bei einer dem Gitter aufgedrückten Wechselspannung der Milliamperemeterausschlag zunimmt, oder aber, wenn die Gitterspannung sehr hoch gewählt wird, in der oberen Knickstelle der Gitterspannungscharakteristik zu arbeiten. Alsdann sinkt der Ausschlag des Milliamperemeters.

Es sind, wie gesagt, noch eine ganze Reihe weiterer Varianten von Röhrenvoltmeterschaltungen angegeben worden, bzw. möglich, deren Beschreibung jedoch hier zu weit führen würde.

Vor den gewöhnlichen Voltmetern haben die Röhrenvoltmeterschaltungen u. a. meist noch den Vorteil, daß ihr Strombedarf verhältnismäßig gering ist.

Es empfiehlt sich, die Röhrenvoltmeteranordnung, die man für Meßzwecke ein für allemal zur Verfügung haben sollte, zu eichen, beispielsweise in der Form, daß man die negative Gitterspannung als Funktion der Anodenstromstärke aufträgt. Man erhält alsdann eine Kurve, etwa Abb. 39 entsprechend, welche für die Messungen zugrunde gelegt werden kann.

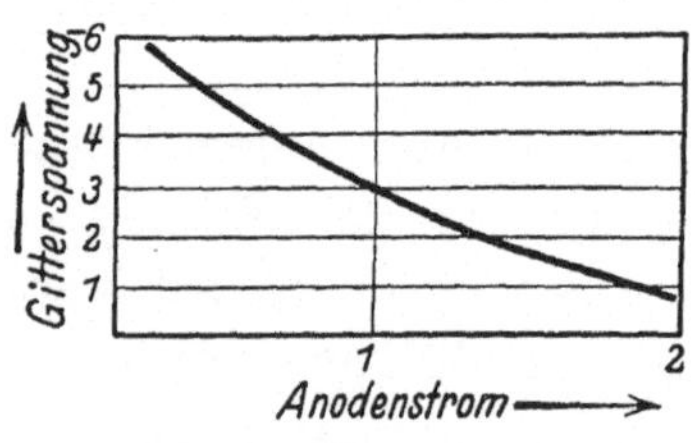

Abb. 39. Eichkurve eines Röhrenvoltmeters. Anodenstrom in mA.

b) Röhrenohmmeter von S. Loewe und W. Kunze.

Eine Anwendung und Schaltungsanordnung, die in gewissem Zusammenhang mit dem Röhrenvoltmesser steht, ist die von den Erfindern S. Loewe und W. Kunze als Röhrenohmmeter bezeichnete Anordnung. Diese dient in erster Linie dazu, mit verhältnismäßig geringen Mitteln sehr genau Widerstände beliebiger Ohmwerte zu messen sowie, um auch Spannungs-Strom- und Kapazitätsmessungen relativ einfach auszuführen.

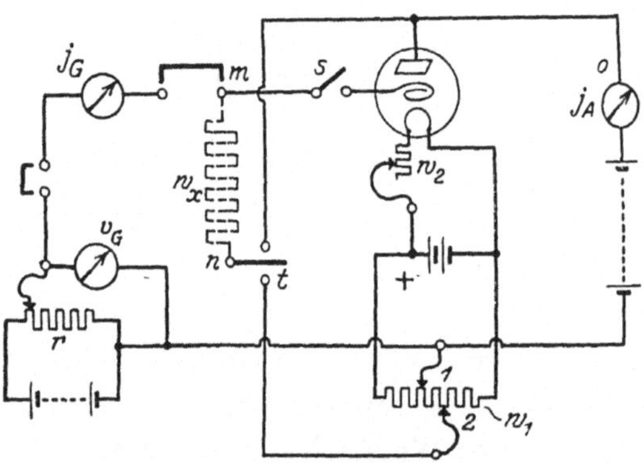

Der Nachteil fast aller bisher bekanntgewordenen Widerstandsmeßanordnungen für direkte Ablesung des Widerstandswertes, die durch Strom- oder Spannungsmessungen bewirkt werden, besteht darin, daß man äußerst empfindliche Instrumente benötigt und hohe Spannungen anwenden muß. Hinzu kommt noch weiterhin der Nachteil, daß man, um einen großen Meßbereich zu beherrschen, diesen in eine Reihe von kleineren Bereichen unterteilen muß, wobei

Abb. 40. Röhrenohmmeterschaltung von S. Loewe und W. Kunze.

für jeden Bereich eine besondere günstigste Spannung anzulegen ist. Es kann infolgedessen, wenn man etwas unvorsichtig vorgeht, leicht das wertvolle Meßinstrument beschädigt werden.

Bei der Röhrenmeßanordnung von S. Loewe und W. Kunze gemäß Abb. 40 stellen sich folgende Verhältnisse ein. Nachdem die Glühkathode geheizt und die Anodenspannung angelegt ist, kann ein bestimmter Anodenstrom bei offenem Gitter der Röhre gemessen werden, dessen Größe einerseits von der angelegten Anodenspannung, andererseits von der Güte der Isolation des Gitters abhängt. Im allgemeinen kann man annehmen, daß die Isolation des Gitters sehr hoch ist, und es wird sich infolgedessen eine bestimmte negative Gitterspannung V_{G_0} einstellen. Hierbei kann man den Gitterstrom J_G mit 0 annehmen. Infolgedessen wird sich gemäß der bekannten

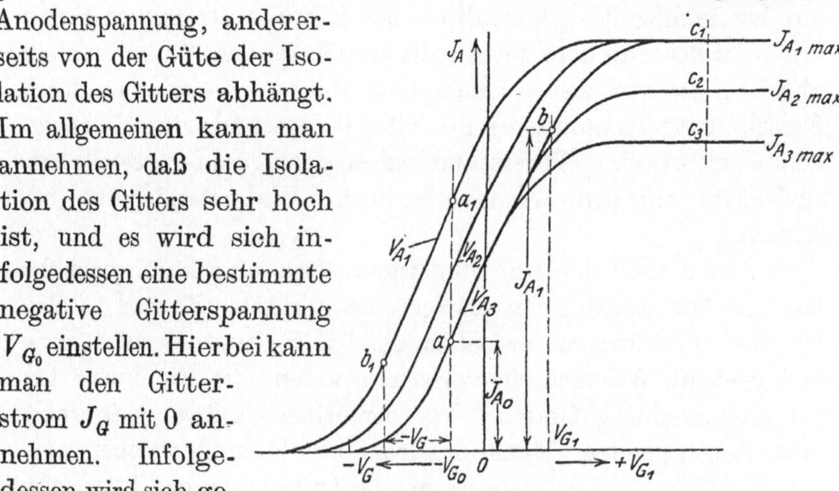

Abb. 41. Röhrencharakteristiken für das Röhrenohmmeter.

Röhrencharakteristik und der Gitterspannung V_{G_0} ein bestimmter Anodenstrom einstellen, wie dies für die betreffende Anodenspannung aus Abb. 41 hervorgeht.

Nunmehr soll zwischen die Anode und das Gitter der Röhre, also zwischen den Punkten m, n ein Widerstand w_x, dessen Größe bestimmt werden soll, eingeschaltet werden. Da dieser nicht unendlich groß ist, wird über ihn ein bestimmter Strom an das Gitter der Röhre fließen, somit eine bestimmte positive Spannung vorhanden sein. Da es sich hierbei um eine Spannungsteilung handelt, gelten für die sich ausbildenden Ströme und Spannungen und demgemäß auch für die resultierenden Widerstände die nachstehenden Ausdrücke:

$$V_A = V_G + V_X$$
$$V_X = J_G \cdot w_x.$$

Durch entsprechende Kombination bzw. Umrechnung erhält man schließlich für den zu messenden Widerstand w_x die Ausdrücke:

$$V_A = V_G + J_G \cdot w_x,$$

also

$$w_x = \frac{V_A - V_G}{J_G}.$$

Es ist hiernach also klar, daß sich für jeden zwischen Gitter und Anode der Röhre gelegten Widerstand w_x bei bekannter Anodenspannung eine eindeutig gemessene Gitterspannung und ein bestimmter im Anodenkreis der Röhre auftretender Strom ergibt, welcher an dem im Anodenkreis liegenden Meßinstrument abgelesen werden kann. Man kann also, nachdem man durch Einschaltung verschiedener geeichter Widerstände die Abhängigkeitswerte zwischen Widerstand und Anodenstrom festgestellt hat, rückwärts aus dem Anodenstrom die Widerstandsgröße bestimmen.

Es ist dieses jedoch nicht nötig, sondern man kann vielmehr aus der letzten der oben angegebenen Formeln (Formel 4), also aus den Beziehungen zwischen w_x, V_A, V_G und J_G auch ohne daß geeichte Widerstände vorhanden wären, die Eichkurve für die Meßanordnung finden. Für den Widerstand $w_x = 0$ erhält man den gesamten Emissionsstrom der Röhre, welcher also nur von der Ausführung der Röhre abhängig ist. Macht man den Widerstandswert $W_X = \infty$, so erhält man entsprechend dem Obenstehenden den Ruhestrom J_{A_0}. Zwischen dem Ruhestrom J_{A_0} und dem max. Anodenstrom $J_{A\,max}$ liegen also sämtliche Widerstandswerte zwischen 0 und ∞, entsprechend einer aufzunehmenden Eichkurve.

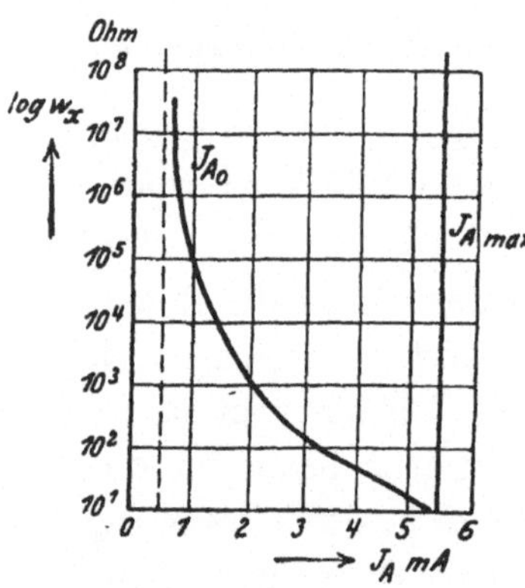

Abb. 42. Eichkurve des Röhrenohmmeters.

Um diese zu erhalten, wird die in Abb. 40 wiedergegebene Schaltung verwendet, wobei es möglich ist, variable meßbare Spannungen bei gleichzeitiger Messung des auftretenden Gitterstromes an das Gitter der Röhre zu legen. Durch den Widerstand w_2 kann eine genaue Feststellung des Punktes a der Charakteristik gemäß Abb. 41 gefunden werden. Man wählt $V_G = 0$ und reguliert w_2 so lange, bis beim

Schließen und Öffnen des Schalters s eine Änderung des Anodenstromes nicht mehr stattfindet. Dieses bedeutet, daß sich in beiden Fällen das Gitter auf demselben Potential V_{G_0} gegenüber der Kathode befindet, bei dem ein Gitterstrom nicht mehr auftritt. Für alle weiteren Messungen wird eine Einstellung des Potentiometers nun nicht mehr bewirkt. Man nimmt vielmehr für verschiedene Gitterspannungen V_G, welche mit dem Potentiometer r eingestellt werden, den dazugehörigen Gitterstrom J_G

Abb. 43. Ansicht des kompletten Röhrenohmmeters von S. Loewe und W. Kunze.

und den Anodenstrom J_A auf. Aus der rechten der oben angegebenen Formeln wird alsdann der Widerstand w_x berechnet. Diese Werte für w_x trägt man am besten als Funktion des Anodenstromes j_A auf, wobei zu beachten ist, daß in dem Meßinstrument o entsprechend der Schaltung Abb. 40 eine Überlagerung des Gitterstromes über dem Anodenstrom stattfindet. Man erhält somit die in Abb. 42 dargestellte Eichkurve.

Um die Einregulierung der Anordnung, deren Äußeres Abb. 43 zeigt, bewirken zu können, wird parallel zur Heizbatterie eine mit w_1 bezeichnetes Potentiometer gelegt, das am besten mit zwei Schiebekontakten 1 und 2 versehen ist. Eventuell kann man auch zwei einzelne Potentiometer verwenden. Das Gitter ist über den Schalter s mit der Klemme m verbunden. Die Klemme n steht mit dem Schalterarm eines Umschalters t in Verbindung. Man schaltet nun die Klemmen m und n kurz und stellt den Schalter t in die obere Stellung und schließt den Schalter s. Bei Einschaltung der Heiz- und Anodenspannung erhält man alsdann als Anodenstrom J_A die Gesamtemission der Röhre für die betreffende Heizung und die jeweils in Betracht kommende Anodenspannung. Durch Änderung der Heizung kann man bei gleicher Anodenspannung verschiedene Sättigungswerte $J_{A_1 max}$ $J_{A_2 max}$ usw. einstellen, wobei die Größe des Stromes von der jeweilig benutzten Röhre abhängig ist. Es ist zweckmäßig, etwas weniger als zuviel Strom zu verwenden, da sonst die Konstanz der Meßanordnung gefährdet werden kann.

Sobald man nun den Schalter s öffnet, erhält man einen Anodenstrom J_{A_0}, dessen Größe sowohl von der Isolation des Gitters als auch von der verwendeten Anodenspannung abhängt. Stellt man den Schalter t in die untere Stellung, so kann man durch Regulieren des Potentiometers mit dem unteren Schieber 2 eine Stellung finden, bei welcher ein beliebig oftmaliges Schließen des Schalters s keinen Einfluß auf die Größe des Anodenstromes mehr ausübt. Es ist alsdann die mit dem Potentiometer eingestellte Gitterspannung gleich derjenigen Spannung, welche das Gitter im offenen Zustand durch Elektronenaufladung erhält. Geringfügige Änderungen der Anodenspannungen können durch den oberen Schieber 1 ausgeglichen werden. Man kann somit also die bei der Eichung aufgenommenen Endpunkte der Charakteristik jedesmal wieder genau einstellen.

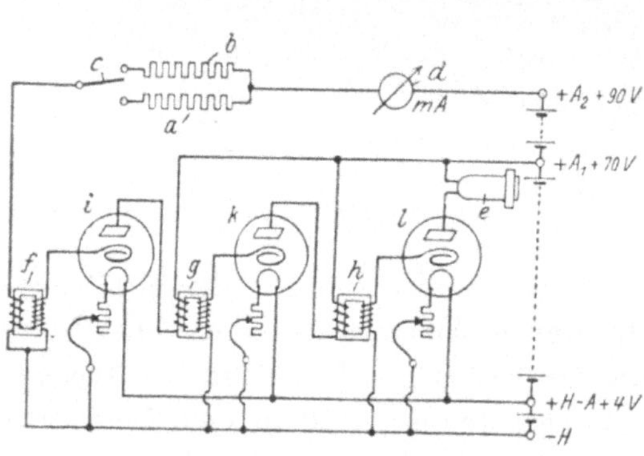

Abb. 44. Rauschprüfanordnung.

Es ist vor jedesmaliger Wiederbenutzung der Meßanordnung erforderlich, durch die auseinandergesetzte Einstellung in Form einer Korrektur des „Offenpunktes" a und des Gitterstromwertes die der Eichung zugrunde liegenden Werte festzustellen, um die Meßanordnung gebrauchsfertig zu machen. Sobald dies geschehen ist, wird die Widerstandsmessung entsprechend dem Auseinandergesetzten bewirkt, wobei man im übrigen das Meßinstrument auch direkt in Ohmwerten eichen kann.

Es würde zu weit führen, an dieser Stelle auch noch die Spannungs- und Strommessungen sowie die mit der Anordnung möglichen Kapazitätsmessungen auseinanderzusetzen. Die Meßanordnung hat sich bereits als wesentliches und unentbehrliches Hilfsmittel in der Radiomeßtechnik erwiesen.

c) Rauschprüfanordnung für Widerstände.

Eine verhältnismäßig einfache. Rauschprüfanordnung, die auch leicht für Untersuchungen an anderen Stellen transportabel gemacht werden kann, ist von Steatit Magnesia (L. R. Biber) angegeben worden. Bei der Ausführung gemäß Abb. 44 und Abb. 45 ist ein transformatorgeküppelter Dreiröhrenverstärker vorgesehen, um mit möglichst großer Verstärkung ev. Rauscheffekte der zu prüfenden Widerstände im Lautsprecher bzw. Kopfhörer wiederzugeben. Gemäß dem Schaltungsschema von Abb. 44 bezeichnet a

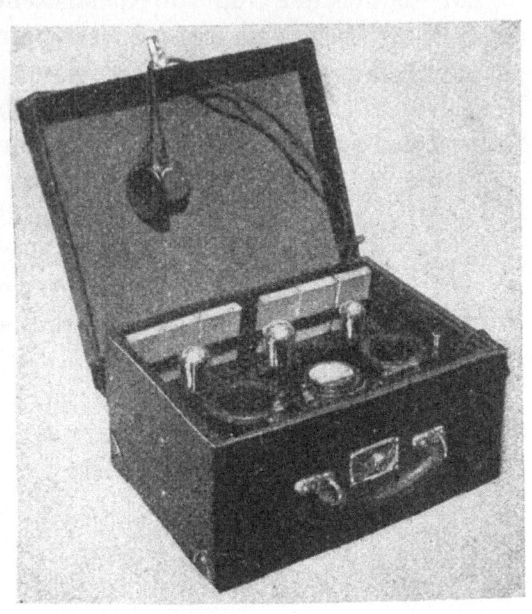

Abb. 45. Rauschprüfanordnung von Steatit Magnesia in einem Koffer eingebaut.

den zu prüfenden Widerstand, b einen einwandfreien, keine Geräusche ergebenden Normalwiderstand, c einen Schalter, um wahlweise den einen oder anderen Widerstand einzuschalten. Außerdem kann in der Zuleitung zum Anodenkreis noch ein Milliamperemeter d vorgesehen sein, wenn es darauf ankommen soll, den durch den Widerstand hindurchgehenden Strom zu messen. e ist ein Lautsprecher. Der Transformator f erhält zweckmäßig das Übersetzungsverhältnis 1 : 7, der Transformator g das Übersetzungsverhältnis 1 : 5 und der Transformator h das Übersetzungsverhältnis 1 : 3. Als Röhre i wählt man eine solche mit 3% Durchgriff, als Röhre k eine solche mit 5% Durchgriff und für eine Röhre l 12% Durchgriff. Die übrigen Verhältnisse sind normal.

Die Anordnung läßt sich, wie bereits erwähnt, recht gut in einen kleinen Koffer einbauen, in welchen auch Heiz- und Anodenbatterien hineingenommen werden können, wie dies Abb. 45 zeigt. An Stelle des Lautsprechers ist hierbei ein Kopfhörer vorgesehen.

J. Leiterkontroller (Prüftelephon).

Zur Kontrolle der Güte von Kontaktstellen, von Leitungen usw. ist es zweckmäßig, sich eines Einfachkopftelephons zu bedienen, mit welchem ein kleines Trockenelement verbunden wird. Der Kreis besteht alsdann aus der Telephonschalldose, dem Trockenelement und zwei Leitungsenden, welche man in die Hand nehmen kann und mit denen man mit dem zu untersuchenden Kreis Kontakt macht. Entsteht ein Knakken im Telephon bei Berührung, so ist dies ein Zeichen, daß Kontakt gemacht wird, also daß der Kreis, wenigstens was den Ohmschen Widerstand anbelangt, in Ordnung ist; andernfalls verbleibt das Telephon in Ruhe.

Die konstruktive Gestaltung dieser einfachen, aber empfindlichen Anordnung kann eine verschiedenartige sein, z. B. kann ein Kopftelephon mit einer Schalldose verwendet werden, wobei das Trockenelement in der einen Hörmuschel untergebracht ist, oder aber, was mit Rücksicht auf die Auswechselung des Trockenelementes vorteilhafter ist (W. J. Murdock Co.), man verwendet ein Einfachkopftelephon und versieht die Telephonmuschel mit einem

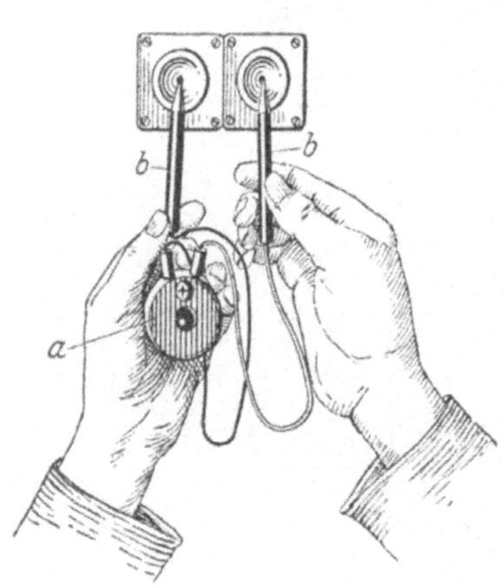
Abb. 46. Leitungsprüfer.

kleinen Halter, mit dem direkt das Trockenelement verbunden wird.

Übrigens kann man sich auch in vielen Fällen eines Leitungsprüfers bedienen, wie solche in mannigfaltigsten Abwandlungen für Schwach- und Starkstromzwecke gebräuchlich sind und von denen Abb. 46 ein Beispiel darstellt. Es ist hierbei eine kleine Dose a mit zwei mit isolierten Griffen b versehenen Spitzenkontakten durch Schnüre verbunden. Die Dose a ist mit einer Anzeigevorrichtung versehen, welche betätigt wird, sobald durch die Anordnung Strom hindurchfließt, die zu untersuchenden Kontaktstellen also spannungführend sind. Die einfachsten Ausführungen bestehen darin, daß die Dose a eine kleine Magnetnadel enthält, auf welcher eine Marke oder dergl. angebracht ist, die bei Stromdurchgang betätigt wird (s. übrigens auch Kap. II, S. 66).

K. Der Charakterograph zur Aufzeichnung der Röhrencharakteristiken.

Nicht nur in industriellen Betrieben, sondern auch in Laboratorien, in denen viele Röhren untersucht werden sollen, ist es trotz aller möglichen Behelfe immerhin eine verhältnismäßig zeitraubende Sache, von Fall zu Fall den Aufbau zu schaffen, um die Charakteristik aufzunehmen. Infolgedessen ist Plagwitz bei der Gans & Goldschmidt E. G. auf den Gedanken gekommen, eine Meßanordnung zu schaffen, bei welcher in einfachster Weise und rasch hintereinander Röhrencharakteristiken aufgezeichnet werden können. Insbesondere handelt es sich um die Anodenstromcharakteristik, bei welcher also der Anodenstrom als Funktion der Gitterspannung bei konstant gehaltener Heizung und konstant gehaltener Anodenspannung aufgenommen wird.

Das Schema des an sich verhältnismäßig einfach aufgebauten Apparates geht aus Abb. 47 hervor. a ist die zu messende Röhre, deren Gitter über Gleitschienen mit einem Metallrähmchen e verbunden ist, auf das das Koordinatenpapier aufgespannt wird, auf dem die Charakteristik aufgetragen werden soll. Durch Bewegung des Metallrähmchens e wird gleichzeitig ein Kontaktschieber auf dem Gittervorschaltwiderstand f bewegt und somit die Gitterspannung verändert. Die Variation des Anodenstromes wird durch ein Registrierinstrument g auf dem in das Rähmchen e

eingespannten Koordinatenpapier vermerkt, und zwar geschieht die Registrierung auf dem Koordinatenpapier punktweise, indem der freischwingende Zeiger an seiner Spitze einen Metallstift aufweist, der auf ein Farbband, das über dem Registrierblatt angeordnet ist, gedrückt wird. Durch das oben erwähnte Getriebe welches den Metallrahmen bewegt, wird auch eine Andrückvorrichtung in Tätigkeit gesetzt, welche den vorerwähnten Metallstift gegen die Konkavseiten des gekrümmt eingelegten Koordinatenpapiers drückt, wodurch die jeweiligen Punkte an den Kreu-

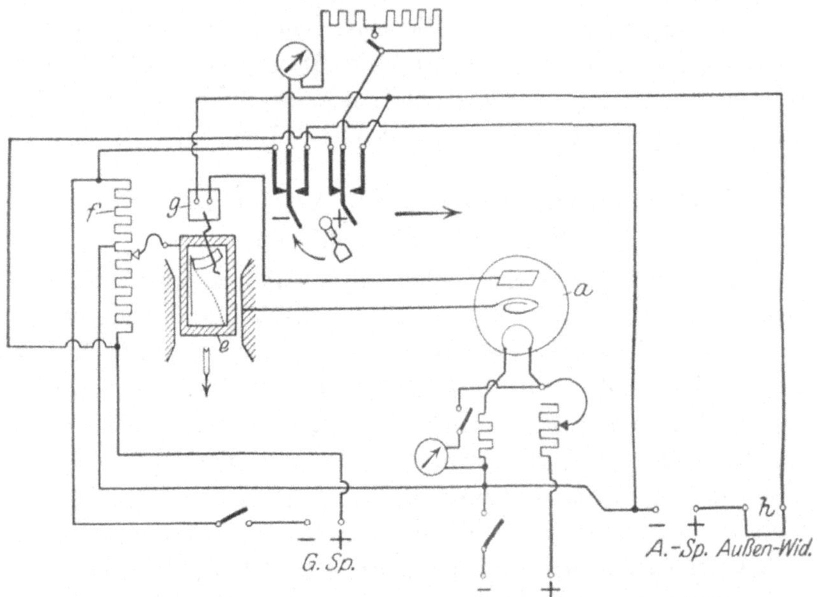

Abb. 47. Schema der Charakterographenanordnung von Gans & Goldschmidt E.-G.

zungsstellen des Koordinatenpapiers in seiner Höhenstellung zu dem Zeigerausschlag des Milliamperemeters markiert werden.

Eine Ansicht des Apparates sowie eine aufgezeichnete Charakteristik (rechts in der Abbildung) gibt Abb. 48 wieder. In den Kasten ist das Registrierinstrument g eingebaut, und zwar hinter dem Metallrähmchen e. Das registrierende Instrument ist mit Zeiger und Skala versehen, um die Messung während ihrer Ausführung beobachten zu können. Durch stöpselbare Nebenschlüsse, die in Abb. 48 links zu erkennen sind, können verschiedene Stromstärken, und zwar solche von 5, 10, 20, 50 und 100 mA eingestellt werden. Der Antrieb des Apparates, also

des Gleitkontaktes *f* und des Rähmchens *e* sowie des regelmäßige
Andrücken des Zeigers des registrierenden Instrumentes *g* erfolgt
über ein in den Apparat eingebautes Übersetzungsgetriebe durch
einen Motor oder von Hand aus. Es kann ferner noch bei *h* ein
Vorschaltwiderstand vor die Anodenbatterie gelegt werden.

Wenn das Koordinatenpapier einmal durch den Apparat
durchgelaufen ist, hat man somit die statische Charakteristik der zu
untersuchenden Röhre aufgenommen.
Übrigens kann man auch ohne weiteres
die dynamische Charakteristik dadurch
aufnehmen, daß zwischen die Klemmen *h* ein Verbrauchsinstrument wie
beispielsweise ein Lautsprecher, Widerstand oder dgl. geschaltet wird.

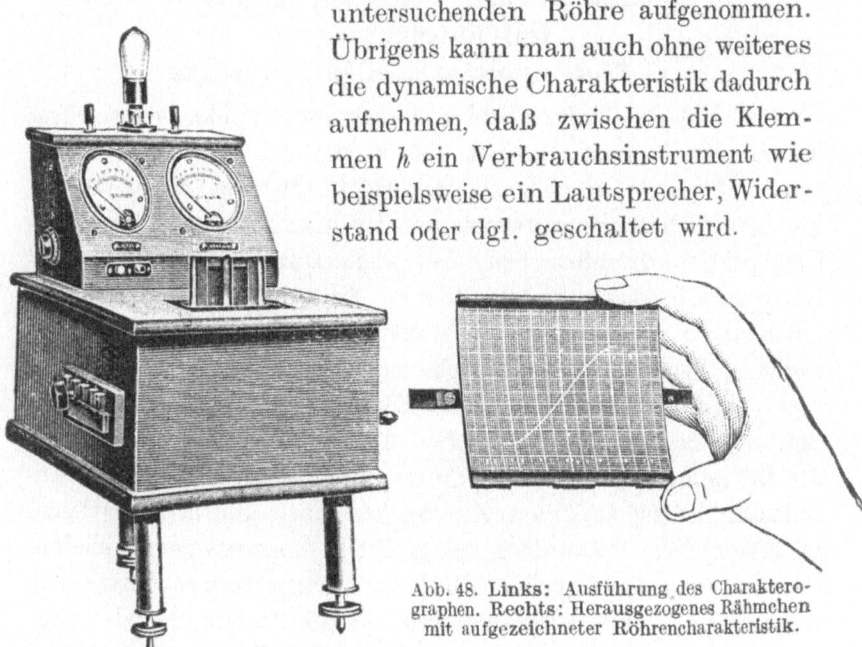

Abb. 48. Links: Ausführung des Charaktero-
graphen. Rechts: Herausgezogenes Rähmchen
mit aufgezeichneter Röhrencharakteristik.

Das rechts sitzende Meßgerät ist ein Präzisionsvoltmeter mit
den beiden Meßbereichen 0 bis 50 und 250 Volt. Die unter dem
Meßgerät sitzenden beiden Druckknöpfe gestatten die Wahl
einer der beiden Meßbereiche.

Auf dem obersten Kasten sitzt links ein kombinierter Kellogschalter, welcher die Heizspannung und die Gitterspannung zu
gleicher Zeit ein- und auszuschalten gestattet. Der rechts sitzende
Kellogschalter schaltet das Präzisionsvoltmeter in seiner Ruhe-
lage auf Gitterspannung und gestattet bei vorübergehendem Um-
legen auch die Ablesung der Anodenspannung. Er federt jedoch
beim Loslassen wieder in die Erststellung zurück.

Das Registrierinstrument hat eine außen sitzende Stöpsel-
vorrichtung mit fünf Stöpsellöchern, um seine Meßbereiche zu

erweitern. Es umfaßt, wie bereits bemerkt, die wahlweisen Meßbereiche: 0—10, 0—20, 0—50 und 0—100 mA, so daß es für alle
gangbaren Röhren ausreicht.

Der obere Sockel für die Aufnahme der Röhre sitzt mitten
auf dem oberen Kasten und kann durch Zwischenstecker für
jede Röhrentype geeignet gemacht werden.

L. Meßinstrumente. Voltmeter, Amperemeter, Galvanometer usw.

a) Fest montierbare Instrumente.

Die Industrie liefert drei äußerlich voneinander verschiedene
Typen von Meßinstrumenten von kleinen Abmessungen. Bei der
ersten Type ist ein Flansch an das Instrument angesetzt, der
mehrere Bohrungen aufweist, um das Instrument auf der Empfangsplatte aufzuschrauben. Der größte Durchmesser dieser Ausführungen beträgt meist ca. 65 mm. Sie wird sowohl mit Strom-
zuleitungen von vorn als auch von rückwärts geliefert. Bei der
zweiten Type ist kein Flansch vorhanden; das Instrument hat
vielmehr eine gerade zylindrische Form, und die Anschlußklemmen
befinden sich auf der Rückseite. Auch dieses Instrument ist für
die Befestigung auf der Empfängerplatte gedacht. Die dritte Anordnung ist für tragbare Zwecke bestimmt und wird entweder
in Kastenform, besonders bei größeren Abmessungen, geliefert,
oder in Form einer großen Taschenuhr ausgeführt in Gestalt von
kleinen Volt- und Amperemetern, um die Spannung oder auch
die Stromstärke von Akkumulatoren- oder Elementbatterien zu
prüfen.

In diesen drei Ausführungsformen werden im allgemeinen
die nach verschiedenen Systemen gebauten eigentlichen Meßanordnungen hergestellt. Für alle Gleichstrommessungen kommt
in der Hauptsache die Benutzung des Drehspulsystems, das sich
bekanntlich bei guter Ausführung nicht nur durch außerordentlich
hohe Empfindlichkeit auszeichnet, sondern auch noch den weiteren
Vorteil einer linearen Skala besitzt, inbetracht; für Messungen
des Hochfrequenzstromes werden nur kleine Hitzdrahtinstrumente
verwendet, um tunlichste Unabhängigkeit von der Frequenz des
zu messenden Wechselstromes zu erhalten. Für Galvanometer-
zwecke werden auch noch Magnetnadelanordnungen mit wenigen
Windungen benutzt.

Von einem modernen Drehspulinstrument, insbesondere für
Radiozwecke muß verlangt werden, daß dieses sich durch einen
geringen Eigenstromverbrauch, eine hohe Meßgenauigkeit — die
Skala sollte bei Instrumenten zur Messung der Heizspannung
der Röhren in Zehntelvolt eingeteilt sein — und eine gute Dämpfung auszeichnet. Mit einem Voltmeter, welches einen zu großen
Eigenstromverbrauch haben würde, kann nicht nur die Messung
ungenau ausfallen, sondern sie kann für die Röhre eine Gefahr
bedeuten. Ein Drehspulvoltmeter, welches etwa 20 m A Strom-
verbrauch hätte, und das natürlich erheblich billiger wäre, würde
im allgemeinen ganz ungeeignet sein.

Ein häufig gebrauchtes Drehspulvoltmeter der Firma Dr. S.
Guggenheimer ist in Abb. 49 wiedergegeben. Diese Type wird
für Gleichstrom und Wechsel-
strom nach dem elektromagnetischen Prinzip und für Gleichstrom allein auch für Präzisions-
drehspulinstrumente mit permanenten Magneten geliefert. Die
elektromagnetischen Instrumente
der Type E 1 besitzen keine proportionale Skala und sind für
Gleich- und Wechselstrom bis zu
500 Perioden hinauf benutzbar.
Sie beruhen bekanntlich darauf,
daß in einer Spule zwei Eisen-
kerne angeordnet sind, von denen
der eine fest montiert, der andere
beweglich ist. Sobald die Spule von Strom durchflossen wird,

Abb. 49. Elektromagnetisches Voltmeter
von Dr. S. Guggenheimer A.-G. Type E 1
oder P 1.

stoßen sich die Kerne infolge gleichartiger Magnetisierung ab, und
der bewegliche Kern dreht den Zeiger des Instrumentes. Infolgedessen ist die Meßgenauigkeit keine allzugroße, indessen für viele
Meßzwecke ausreichend. Immerhin kann aber ein solches Instrument verhältnismäßig stark überlastet werden und hat noch den
weiteren Vorteil, verhältnismäßig billig zu sein. Zu beachten
ist der meist verhältnismäßig große Eigenverbrauch durch das
Instrument selbst.

Als Präzisionsinstrumente, nur für Gleichstrom verwendbar,
haben sie genau proportionale Skala vom Null- bis zum Endwert

bei kleinem Energieverbrauch. Die E l-Instrumente werden als Voltmeter bis 100 Volt direkt und bis 250 Volt mit separatem Vorschaltwiderstand ausgeführt, während die Amperemeter bis maximal 20 Ampere hergestellt werden können. Die Drehspulinstrumente werden bis 100 Volt direkt und bis 150 Volt mit separatem Vorschaltwiderstand geliefert; die Amperemeter werden bis 15 Ampere mit eingebautem Shunt und für größere Stromwerte mit besonderem Shunt ausgeführt werden. Selbstverständlich gelten ähnliche Gesichtspunkte wie für den Spannungsmesser auch für den Strommesser. Es muß namentlich für die Messung von Sparröhren unbedingt verlangt werden, daß das zur Messung benutzte Amperemeter einen möglichst geringen Spannungsabfall aufweist.

Derartige Instrumente sind für folgende Meßbereiche im Handel zu haben:

$$0 \text{ bis } 2 \text{ Ampere}$$
$$0 \text{ „ } 5 \text{ „}$$
$$0 \text{ „ } \cdot 6 \text{ „}$$
$$0 \text{ „ } 10 \text{ „}$$
$$0 \text{ „ } 15 \text{ „}$$
$$0 \text{ „ } 25 \text{ .. } \text{usw.}$$

In gleicher äußerlicher Ausführung werden Drehspulvoltmeter verkauft für folgende Skaleneinteilung:

$$0 \text{ bis } 5 \text{ Volt}$$
$$0 \text{ „ } 6 \text{ „}$$
$$0 \text{ „ } 10 \text{ „}$$
$$0 \text{ „„ } 15 \text{ „}$$
$$0 \text{ „ } 25 \text{ „}$$

Bisher war vorausgesetzt, daß für die verschiedenen Strom- und Spannungsmessungen je ein besonderes Instrument am Empfangsapparat vorhanden ist, bzw. untersucht werden soll.

Vielfach wird jedoch der Fall vorkommen, daß mit einem Instrument mehrere verschiedenen Aufgaben erfüllt sein sollen. So hat man insbesondere Spannungsmesser aber auch Strommesser gebaut, die für die Rundfunkzwecke mit verschiedenen Skalen ausgerüstet worden sind und bei denen beispielsweise durch Betätigung von Schaltorganen die verschiedenen Bereiche eingeschaltet werden können. Man hat diese Instrumente sowohl für festen Einbau als auch für transportable Zwecke, auf die weiter unten noch eingegangen wird, hergestellt.

Ein Beispiel der ersteren Art ist das Nullvoltmeter der Dr. S. Guggenheimer A.-G. gemäß Abb. 50 bei diesem ist ein Voltmeterumschalter eingebaut, und es können die Spannungen bis zu 4 Röhren eine nach der anderen abgelesen werden.

Außer den beschriebenen Typen sind noch manigfaltigste Abwandlungen des Aufbaus und der äußeren Form ausgeführt worden. So sind beispielsweise recht beliebt die sog. Profilinstrumente, von welchen Abb. 51 ein Muster zeigt, und welche den Vorteil haben, auf der Vorderplatte verhältnismäßig wenig Raum einzunehmen. Profilinstrumente werden nach den verschiedenen Systemen hergestellt.

Abb. 50. Nullvoltmeter von Dr. S. Guggenheimer A.-G., insbesondere für Sparröhrenmessungen.

Vielfach wird bei Meßanordnungen von Radioamateuren und Rundfunkteilnehmern der Wunsch vorhanden sein, den Meßbereich kleiner Voltmeter zu erweitern. Beispielsweise kommt dies in Betracht, wenn mit einem 6 Volt-Tascheninstrument höhere Spannungen, beispielsweise die Spannung einer Anodenbatterie oder die Spannung von Netzanschlußgeräten gemessen werden soll. Normale Meßinstrumente mit Drehspulsystemen benötigen für den vollen Ausschlag etwa 10 mA. Infolgedessen müssen Vorschaltwiderstände, die den Spannungsmeßbereich erhöhen sollen, hochbelastbar sein. Relativ billige hochbelastbare konstante Widerstände sind die Dralowid-Polywattwiderstände, die in verschiedenen Größen hergestellt werden. Es läßt sich beispielsweise erreichen, daß mit dem erwähnten 6 Volt-Tascheninstrument unter Vorschaltung entsprechender Widerstände die Meßbereiche erhöht werden bis auf 300 Volt bzw. 600 Volt bzw. sogar bis 1000 Volt hinauf.

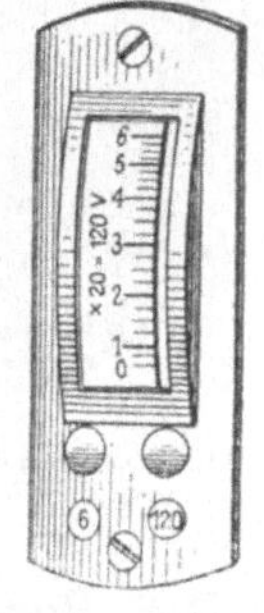

Abb. 51. Typisches Profilinstrument für Rundfunkempfangsgeräte und Meßanordnungen geeignet.

Bei den Hitzdrahtinstrumenten, die in England häufig in Form von „Thermoammetern" in den Handel kommen, sind angeblich die diesen Instrumenten häufig anhaftenden Schwierigkeiten überwunden, indem die angezeigten Werte nicht durch Temperaturwechsel des Meßraumes beeinflußt werden und auch von Audio- oder Radio-Frequenzen unabhängig sein sollen. In englischen Spezialgeschäften werden diese Thermoammeter mit folgenden Eichskalen geliefert:

0 bis 1 Ampere
0 „ 1,5 „
0 „ 2 „
0 „ 2,5 „
0 „ 3 „ usw.

In gleicher Weise sind Thermomilliamperemeter zu haben in Eichungen von:

0 bis 125 mA
0 „ 250 „
0 „ 500 „ usw.

In Deutschland werden verhältnismäßig kleine Hitzdrahtinstrumente z. B. von Dr. S. Guggenheimer A.-G. geliefert. Die Ausführungsform eines Hitzdrahtamperemeters zeigt Abb. 52. Diese Type wird mit maximal 5 Ampere ausgeführt, und zwar für Schalttafelaufbau mit einem Gehäusedurchmesser von 57 mm, einem Grundplattendurchmesser von 74 mm und für versenkten Einbau mit einem Flachring von 74 mm Durchmesser.

Abb. 52. Hitzdrahtamperemeter von Dr. S. Guggenheimer.

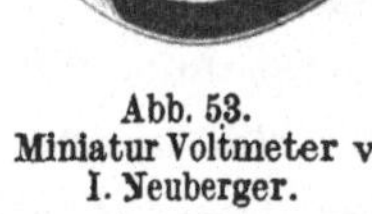

Abb. 53. Miniatur Voltmeter v. I. Neuberger.

Der Vollständigkeit halber möge schließlich noch eine besonders klein ausgeführte Meßinstrumenttype Erwähnung finden, die zwar weniger für exakte Messungen in Betracht kommt als vielmehr wegen ihrer kleinen Ausführung und großen Billigkeit für orientierende Meßangaben auf Empfängern Verwendung findet. Diese Type als Voltmeter in einer Ausführung von I. Neuberger gibt Abb. 53 wieder.

b) Transportable Instrumente.

Während in dem vorhergehenden Abschnitt eine kurze Übersicht über die verschiedenartigen Meßinstrumente gegeben war, welche für festen Einbau inbetracht kommen, sind nunmehr noch diejenigen Meßinstrumente kurz zu betrachten, welche leicht beweglich und an beliebigen Stellen der Empfangsapparate oder auch sonst benutzbar sind. Auch bei vielen Typen dieser Art wird selbstverständlich Wert darauf gelegt, daß das Instrument tunlichst mit mehreren Eichskalen ausgerüstet ist, um eine möglichst weitgehende Universalität zu erzielen. Recht beliebt sind für diese Zwecke die Ausführungen, bei welchen das Instrument mit zwei oder mehreren Steckern versehen ist. Man hat mit einem solchen Instrument ohne weiteres die Möglichkeit, in verschiedene Meßstellen hineinzustöpseln und die Spannungsbeträge festzustellen. Ein Beispiel hierfür ist das mit zwei Steckkontakten versehene Voltmeter. bzw. Amperemeter von Gans & Goldschmidt gemäß Abb. 54.

Das Voltmeter ist mit zwei Stiften versehen, welche in eigens hierfür am Sockel der betreffenden Röhre angebrachten Buchsen

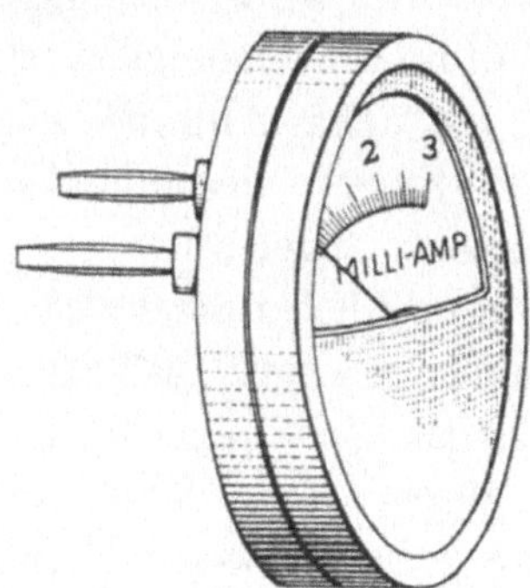

Abb. 54. Einsteck - Präzisionsvoltmeter von Gans & Goldschmidt.

Abb. 55. Voltmeter mit normalisiertem Dreipolstecker für die Spannungsmessung der Anodenbatterie und der Heizbatterie von Dr. S. Guggenheimer A.-G.

leicht eingestöpselt werden, um die Spannung bzw. Heizstromstärke zu messen. Es genügt wie gesagt bereits ein leichtes Einstecken, um Spannung bzw. Stromstärken festzustellen. Die Schwierigkeit besteht zur Zeit nur noch darin, daß die normalen Röhrensockel mit derartigen Kontaktlöchern nicht ausgerüstet sind.

Um das Instrument zu den Stromstärkemessungen zu benutzen, muß selbstverständlich ein entsprechender Shunt vorgesehen sein.

Eine andere Type, die von Dr. S. Guggenheimer A.-G. herausgebracht ist, stellt das Voltmeter mit normalisiertem dreipoligem Stecker gemäß Abb. 55 dar. Mit diesem Instrument kann wahlweise entweder die Batterieheizspannung oder die Anodenspannung rasch festgestellt werden.

Ein anderer Weg ist bei dem Zwischenstecker, welchen Dr. S. Guggenheimer für die Aron E.-G. liefert, gemäß Abb. 56, eingeschlagen. Hierbei wird die Röhre

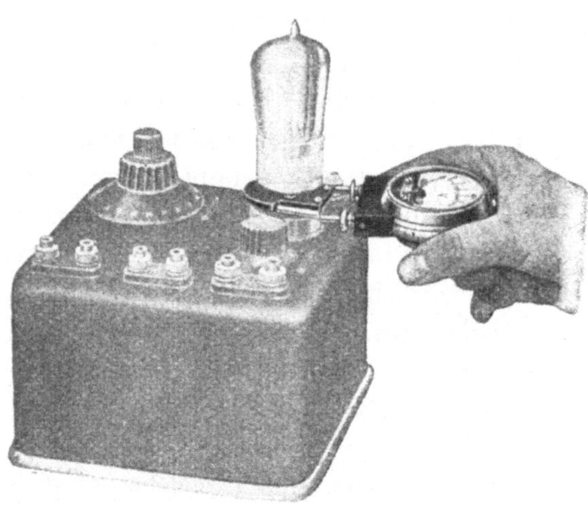

Abb. 56. Anhalten des Voltmeters an den Röhrenzwischenstecker (Aron E.-G.-Dr. S. Guggenheimer).

mittels eines Zwischensteckers, den Abb. 57 wiedergibt, eingestöpselt, und die Spannung wird, wie dies Abb. 56 zeigt, mittels eines angehaltenen für diesen Zweck besonders von Guggenheimer konstruierten Voltmeters abgelesen.

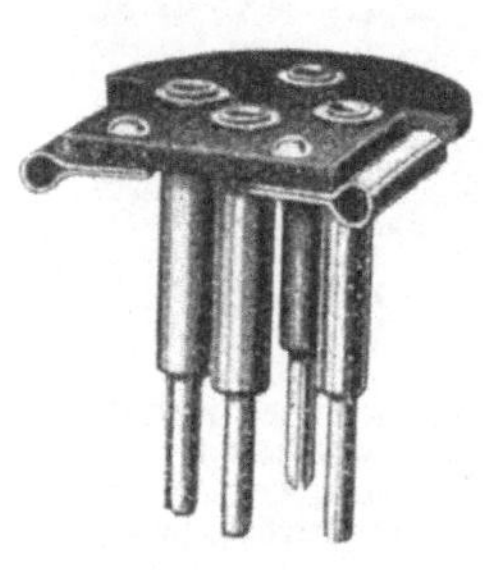

Abb. 57. Zwischenstecker.

Am meisten gebräuchlich namentlich für überschlägige Spannungen sind Instrumente in kleiner Uhrform, die sich bequem in die Tasche stecken lassen und daher auch Tascheninstrumente genannt werden. Diese werden von einer großen Reihe von Firmen hergestellt und gelangen sowohl als Voltmeter als auch als Amperemeter, stellenweise sogar auch als kombiniertes Voltamperemeter auf den Markt.

Für die Nachmessung von Akkumulatoren können Taschenvoltmeter, entsprechend der Ausführung von Siemens & Halske gemäß Abb. 58, verwendet werden. Bei dieser Ausführung ist der Eigenverbrauch infolge hohen inneren Widerstandes nur gering.

Durch Drücken auf die Taste wird ein bekannter Widerstand parallel zum Instrument geschaltet, wodurch die Möglichkeit gegeben ist, Elemente offen und strombelastet auf ihre Spannung hin zu untersuchen.

Diese Tascheninstrumente werden nach dem elektromagnetischen Prinzip gebaut und zwar bis 100 Volt und 20 Ampere direkt. Eine kombinierte Type gemäß Abb. 59 ist z. B. für 1,5 Volt und 300 Milliampere Meßbereich ausgeführt.

Derartige Instrumente werden in Deutschland von Dr. S. Guggenheimer mit zwei Polen geliefert, um mit demselben Instrument sowohl Spannungs- als auch Strommessungen ausführen zu können.

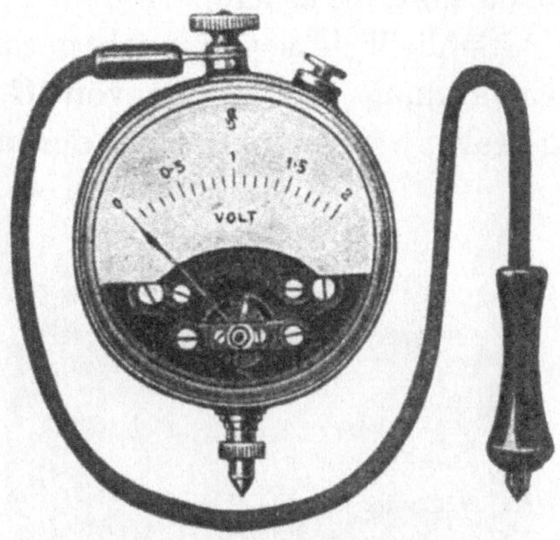

Abb. 58. Taschenvoltmeter von Siemens & Halske A.-G.

Eine etwas andere äußere Ausführungsform zeigen die Voltmeter von Eltax (Elektro A.-G.), von welchen Abb. 60 ein Beispiel für Spannungsmessung zeigt. Bei diesem Instrument wird die Umschaltung von der einen

Abb. 59. Kombiniertes Taschenvolt- und Milliamperemeter von Dr. S. Guggenheimer. Type Tp mav.

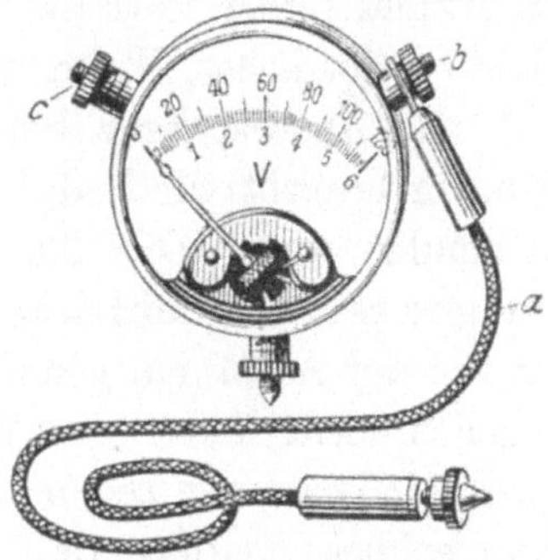

Abb. 60. Voltmeter von Eltax mit durch Kontaktanschluß umschaltbarer Skala.

Skala auf die andere dadurch bewirkt, daß der biegsame Leitungskontakt a entweder an die rechte Klemme b oder an die linke Klemme c angeschlossen wird.

Es ist auch gelungen, in flachkastenförmiger kleiner Ausführung Taschenmeßinstrumente herzustellen. Ein Beispiel hierfür ist das Voltmeter der AEG gemäß Abb. 61, welches nach dem Drehspulsystem hergestellt, einen Eigenstromverbrauch von 1,5 bis 2 mA aufweist und zwei Meßskalen zeigt, die eine von 0 Volt bis 6 Volt, die andere von 0 bis 120 Volt.

Schließlich mögen auch noch kurz die sog. Tubusmeßgeräte Erwähnung finden, die von G. Wohlmuth & Co. A.-G. hergestellt werden, und von denen Abb. 62 eine Ausführung für

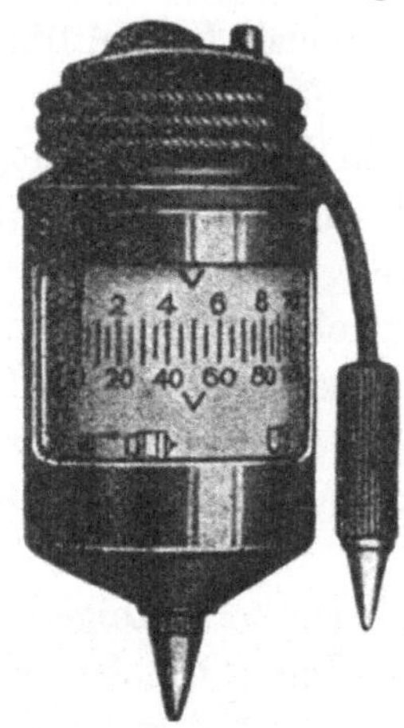

Abb. 61. Taschenvoltmeter der AEG. Abb. 62. Tubusvoltmeter von G. Wohlmuth.

transportable Zwecke zeigt. Durch diese Meßgeräte soll der Vorteil erzielt werden, daß sie bequem in der Hand liegen und keine leicht verletzlichen Teile an gefährdeter Stelle zeigen, wie dies z. B. die Abdeckgläser bei den Tascheninstrumenten sind, was dadurch erreicht wird, daß zur Abdeckung und Isolation Cellon verwendet wird. Die Tubusmeßgeräte werden gut gedämpft und mit recht brauchbarer Ablesbarkeit hergestellt, da namentlich bei der Ausführung des Drehspulgerätes ein verhältnismäßig langer Spulenzylinder zur Verfügung steht. Ein weiterer Vorzug dieses Meßinstrumentes in der transportablen Ausführung kann darin erblickt werden, daß man zum Messen nur eine Hand benötigt. Im übrigen werden diese Geräte auch noch als Sockelgeräte oder als Flanschgeräte zur direkten Anbringung beispielsweise an der Empfangsplatte ausgeführt.

Häufig werden auch Galvanometer verwendet, sei es in der gewöhnlichen astatischen Form, bei der eine Magnetnadel in einer

Windung abgelenkt wird, sei es in einer besseren Galvanoskopausführung, entsprechend Abb. 63 (Siemens & Halske A.-G.). Mit einem derartigen Instrument können recht genaue Messungen ausgeführt werden.

Für einfache Feststellungen der Stromrichtung werden schließlich noch einfache Stromrichtungsanzeiger benutzt, die entweder abschraubbar sind, oder auch als Tascheninstrumente in Form

Abb. 63. Galvanoskop von
Siemens & Halske A.-G.

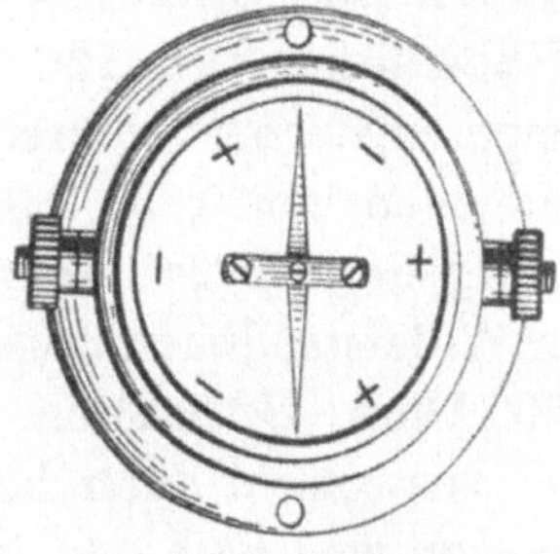

Abb. 64. Polsucher.

von Polsuchern bekannt geworden sind. Von ersterer Ausführung zeigt Abb. 64 ein Beispiel. Es ist dies im wesentlichen nichts anderes, als ein besonders billig, robust ausgeführtes Galvanoskop.

c) Universalmeßgeräte.

Schließlich ist noch eine andere Type von Meßinstrumenten zu erwähnen, deren Kennzeichen darin besteht, daß mit ein und demselben Instrument nicht nur Spannungen bzw. Ströme in verschiedenen Größenordnungen gemessen werden können, sondern daß außerdem mit dem Instrument auch noch anders geartete Messungen auszuführen sind.

Der Vorteil derartiger Instrumente ist vor allem die zwar beschränkte aber immerhin vorhandene Universalität der Meßmöglichkeiten. Weiterhin kommt der Vorteil inbetracht, daß ein derartiges Universalinstrument in der Anschaffung naturgemäß billiger zu sein pflegt als eine entsprechende Anzahl von Einzelinstrumenten.

Nachteilig ist, daß, wenn durch irgendwelche Zufälle das Meßinstrument entzwei gegangen ist, meist überhaupt keine Meßmöglichkeit mehr besteht und ferner, daß für manche Benutzer die eine oder andere der mit dem Instrument möglichen Meßmethoden gar nicht ausgenutzt wird. Auch der Anschaffungspreis eines solchen Universalinstrumentes pflegt naturgemäß höher zu sein, als der eines Einzelinstrumentes, wenngleich namentlich das an zweiter Stelle beschriebene Instrument in dieser Beziehung recht vorteilhaft ist.

Ein Universalmeßgerät von Gans & Goldschmidt ist in Ansicht in Abb. 65 wiedergegeben. Es dient für Strom-, Spannungs- und Widerstandsmessungen und besteht aus einem umschaltbaren Präzisionsdrehspulinstrument, welches für Voltmeter für drei Meßbereichen bis 6, 120 und 240 Volt dienen kann, ferner als Milli-amperemeter mit den drei Meß-bereichen von 0,03, 0,3 und 3 Ampere und als Ohmmeter für Widerstandsmessungen bis 5000 Ohm. Schließlich kann das Instrument auch heraus-gezogen und noch als beson-deres Galvanometer benutzt

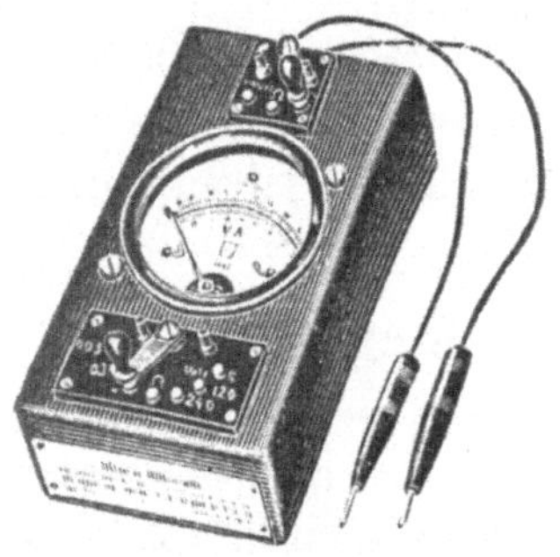

Abb. 65. Universalmeßgerät
von Gans & Goldschmidt.

Abb. 66. Ansicht des Mavometers
von P. Gossen & Co.

werden. Die Umschaltung wird mittels eines Kurbelschalters bewirkt. In den Holzkasten hinter dem Instrument ist die Meßbatterie eingebaut. Als Zuleitungen dienen zwei mit Kon-taktspitzen versehene Anschlußkabel.

Das andere an dieser Stelle zu erwähnende Universalinstru-ment (siehe Abb. 66) ist das „Mavometer" der Firma P. Gossen & Co. Auch dieses Instrument kann als Milliamperemeter, Am-peremeter, Millivoltmeter und Voltmeter benutzt werden, je nachdem, welche Schaltung gewählt wird, und es können schließ-lich auch Widerstandsmessungen sogar bis zu 50 Megohm herauf ausgeführt werden.

Dieses Instrument zeichnet sich durch gute Empfindlichkeit aus, und zwar beträgt diese 500 Ohm pro 1 Volt. Es wird mit Vorschalt- und Parallelwiderständen zusammen geliefert, welche durch verschiedene Abstände der Anschlußkontaktstellen äußerlich voneinander unterschieden sind. (Siehe Abb. 67).

Das Mavometer besteht aus einem mit Gummifüßen versehenen Gehäuse, in welches ein Drehspulinstrument mit unterlegter Spiegelskala versenkt eingebaut ist. Die Skala ist in 50 bzw. 75 Skalenteile eingeteilt, die oberhalb des Instrumentes erkennbaren Klemmen dienen zum Anschluß der zu messenden Ströme bzw. Spannungen.

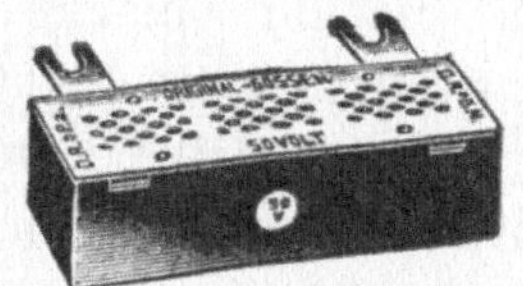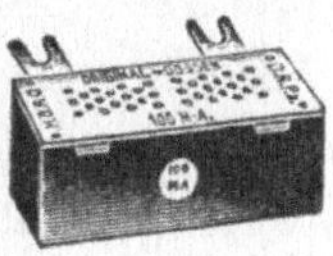

Abb. 67. Vorschaltwiderstände zum Radiomavometer von Gossen.

An die unten erkennbaren Klemmen werden die Vorschaltwiderstände bzw. Parallelwiderstände angeschaltet, je nachdem, welche Meßart ausgeführt werden soll und welcher Bereich verlangt wird.

Das Instrument scheint auch gegen Überlastung gut geschützt zu sein, einmal dadurch, daß durch einen heruntergedrückten Knopf, der links unten vom Instrument sichtbar ist, ein Stromkreis geschlossen wird, ferner durch einen Schutzwiderstand, der bei entsprechendem Druck auf den Knopf betätigt wird. Schließlich ist noch ein kurzer Kontakt vorgesehen, welcher das Instrument bei Überbelastung kurz schließen kann.

II. Prüfanordnungen.

Außer den eigentlichen Meßschaltungen, die in den weiteren Kapiteln 3 und 4 besprochen werden sollen, sind häufig rasch und mit nur geringen Hilfsmitteln auszuführende Prüfanordnungen anzuwenden. Insbesondere handelt es sich hierbei um Feststellung, ob in einer Leitung, an den Klemmen einer Stromquelle usw. vorhanden ist, ob dies Gleich- oder Wechselstrom ist, wie sich die Stromlieferung während des Gebrauchs verhält, ferner ob Kontaktfehler vorliegen und ähnliches mehr.

Zu den einfachen Prüfanordnungen gehört aber auch die Untersuchung von Kondensatoren und Spulen mit Bezug auf Isolationsgüte, Kriechströme, Kontaktverbindungen u. a. m. Weiterhin rangiert unter die einfachen Prüfanordnungen die Untersuchung von Detektoren, Kopfhörern, Summern, Drahtverbindungen usw.

Zuweilen werden namentlich von den technisch wenig geschulten Runfunkteilnehmern diese Prüfungen unterlassen, und es wird nur festgestellt, daß der Empfang unterbrochen ist bzw. schlecht herauskommt und zwar weniger aus Bequemlichkeit als vielmehr wegen Unkenntnis der meist recht einfachen Handgriffe nnd primitiven Hilfsmittel, die für derartige Prüfungen notwendig sind.

Auch mancher Funkfreund begnügt sich in dieser Beziehung gelegentlich mit sehr robusten Untersuchungsmethoden, welche stellenweise nicht ausreichen werden, häufig aber für die Lebensdauer des Apparates nicht gerade günstig sind.

Es ist daher anzustreben, daß die im Nachstehenden kurz skizzierten Methoden und Anordnungen mindestens von allen denjenigen Radio-Interessenten gebraucht werden, die sich ein wenig mit der technischen Seite ihrer Empfangseinrichtung beschäftigen.

A. Feststellung von Strom und Spannung.

Die einfachste Methode, um festzustellen, ob in einer Leitung Spannung vorhanden ist, und die gleichzeitig auch Aufschluß darüber gewährt, ob dies Gleichstrom oder Wechselstrom ist, besteht in der Anwendung von Polreagenzpapier. Dieses Papier, welches in Streifenform bei jedem Installateur erhältlich ist, besteht in einem mit Phenolphthaleïn getränkten in Rollenform gelieferten Papierstreifen, von welchem ein Stückchen abgerissen und angefeuchtet auf die Tischplatte gelegt wird. Wenn man nun von den beiden zu untersuchenden Leitungen unter Zwischenschaltung geeigneter Widerstände (Glühlampen) Abzweige in Gestalt von kurzen Leitungsdrähten, deren Enden blank gemacht sind, in kurzem Abstand voneinander auf das angefeuchtete Polreagenzpapier legt, so bemerkt man, wenn in der Leitung Spannung vorhanden ist, daß nach kurzer Zeit entweder nur die eine Auflagestelle oder aber beide eine bläuliche Rötung erfahren. Ist nur die eine Berührungsstelle gerötet, so ist dies ein Zeichen dafür, daß in der Leitung Gleichstrom vorhanden ist, und die bläulich gerötete Stelle stellt den nagativen Pol dar. Sind jedoch beide Berührungsstellen gerötet, so hat man eine Wechselstromleitung vor sich. Dieses Verfahren funktioniert bis zu geringen Spannungsbeträgen herab absolut sicher.

Nur für den Fall, daß das Polreagenzpapier nicht zur Verfügung steht, sollte man sich einer anderen Methode bedienen, die darin besteht, daß beide blankgemachten Pole der Leitung in am besten etwas angesäuertes Wasser in geringem Abstand voneinander gehalten werden. Wenn man alsdann bemerkt, daß sich an dem einen Pol besonders lebhafte Bläschen absondern, so ist dies ein Zeichen dafür, daß in der Leitung Gleichstrom fließt, und daß dies der negative Pol ist. Wenn hingegen an beiden in das Wasser gehaltenen Drahtenden Bläschen aufperlen, so hat man in der Leitung Wechselstrom.

Besonders ist bei dieser und bei der vorhergehenden Untersuchungsmethode darauf zu achten, daß nicht etwa die Leitungsenden in direkte metallische Berührung kommen, da alsdann Kurzschluß entstehen würde (Glühlampe dazwischen schalten!)

Schließlich kann man noch eine weitere Methode, wenigstens für die Untersuchungen von Starkstromleitungen anwenden, welche allerdings bezüglich der Polarität keine Auskunft gibt, die aber immerhin erkennen läßt, ob in der Leitung Spannung vorhanden ist. Dieses Verfahren besteht in der Benutzung einer Glimmlampe[1], eventuell auch in jeder gerade zur Verfügung stehenden Glühlampe. Die Lampe wird zwischen die beiden Pole, die untersucht werden sollen, gehalten, und leuchtet auf, wenn Spannung vorhanden ist. Die Glimmlampenuntersuchung kann dann empfohlen werden, wenn festgestellt werden soll, welcher Pol eines Netzanschlusses an Erde liegt. Im allgemeinen pflegt nämlich eine der beiden Netzleitungen geerdet zu sein. Man geht am besten so vor, daß man die Glimmlampe oder auch die Glühlampe einseitig mit einem Erdpol, beispielsweise der Wasserleitung verbindet, und daß man mit dem anderen Pol, der mit einem Draht verbunden ist, erst mit der einen, dann mit der anderen Lichtleitung verbindet. Bleibt die Lampe dunkel, so ist dies ein Zeichen dafür, daß sie die Nullspannung gegen Erde hat, daß man also den geerdezen Nulleiter vor sich hat. Leuchtet hingegen die Lampe auf, so teigt dies an, daß in der Leitung Spannung vorhanden ist.

---

[1] Man kann allerdings auch die Glimmlampe zur Feststellung der Polarität benutzen, wenn man an einer Starkstromleitung bekannter Polarität festgestellt hat, welche der Elektroden beim Einschalten aufleuchtet. Bei Wechselstrom leuchten beide Elektroden auf, bei Gleichstrom nur die positive. Glimmlampen sind nur bei Spannungen über 160 Volt zu gebrauchen.

B. Feststellung von Leitungsfehlern bzw. von Kurzschlüssen.

Eine sehr wichtige Prüfung, die im täglichen Leben des Radio-Amateurs und Rundfunkteilnehmers häufig vorkommt, betrifft die Güte der Leistungen bzw. von Isolationswiderständen. Bei vielen Apparaten und Gegenständen ist die Leitung, namentlich wenn sie aufgewickelt ist, dem Auge in ihrer ganzen Länge nicht zugänglich. Man kann also etwaige Unterbrechungen direkt nicht wahrnehmen, sondern merkt höchstens beim Zusammenbau, daß elektrisch die betreffende Anordnung nicht funktioniert.

Es ist daher wichtig, eine einfache betriebssichere Anordnung zur Verfügung zu haben, welche rasch festzustellen gestattet, ob die Leistungsverbindung bzw. die Isolation zwischen isolierten Teilen gut ist. Eine solche Anordnung ist eine in Ordnung befindliche Schalldose eines Doppelkopfhörers mit einem guten Trockenelement. Die Prüfung wird in der Weise ausgeführt, daß die eine Klemme des Telephons bzw. des Trockenelementes mit dem zu untersuchenden Gegenstand, sagen wir dem einen Ende einer Spule, fest verbunden wird, während mit der anderen Zuführungsleitung zum Telephon bzw. zur Batterie ein kurzer Berührungskontakt mit dem anderen Ende der Spule hergestellt wird. Es muß alsdann, wenn die Leitungsverbindungen zwischen den beiden Enden, also der Spulendraht, keine Unterbrechung aufweist, ein mehr oder weniger scharf ausgeprägtes Knacken im Telephon entstehen. Ist hingegen die Leitungsverbindung zwischen den beiden Enden unterbrochen, so hört man nichts.

Auf diese Weise werden insbesondere Spulenanordnungen aller Art rasch und sicher untersucht, aber auch Leitungsverbindungen und dergl. können auf diese Weise schnell abgetastet werden, und man kann unter Umständen ohne weiteres eine schlechte Leitungsverbindung, Unterbrechung etc. feststellen.

Andererseits stellt diese Methode auch ein einfaches Hilfsmittel dar, die Isolationsgüte sofort festzustellen. So kommt es zuweilen vor, daß bei einem Festkondensator die Isolation zwischen den Belegungen nicht ausreicht. Wenn man mit dem Telephon und Trockenelement wie oben beschrieben vorgeht, so hört man im Falle einer schlechten Isolation bei Kontaktgebung zwischen den feindlichen Belegungen ein mehr oder weniger scharf ausge-

prägtes Knackgeräusch. Ist die Isolation des Kondensators vollkommen einwandfrei, so tritt kein Geräusch im Telephon auf.
Allerdings muß diese Untersuchung kritisch durchgeführt werden,
da bei elektrostatischer Aufladung gerade bei einem guten Kondensator bei der ersten Berührung ein Knacken hörbar sein wird,
das sich jedoch bei weiteren Berührungen nicht wiederholt, sofern der Kondensator in der Zwischenzeit nicht entladen wurde.

Auch bei diesen Prüfungen kann man anstelle des Telephons
nebst der Spannungsquelle eine Glimmlichtlampe unter Benutzung
von Starkstromanschluß verwenden und hierbei häufig zum Ziel
kommen. Es ist indessen zu beachten, daß in allen solchen Fällen,
in denen der Leitungsfehler noch nicht allzu erheblich ist, die
Glimmlampe ebenso aufleuchten wird, als ob die Leitungsverbindung eine einwandsfreie wäre. Das Gleiche tritt übrigens ein,
wenn man bei Wechselstrom einen großen Kondensator aufladet.

Infolgedessen ist die Prüfung mittels Telephons und Trocken-
elements jedenfalls vorzuziehen.

Eine besondere Prüfung auf Leitungsgüte ist erforderlich, wenn
anstelle von massivem Draht Litzenleiter verwandt wird. Litzen-
draht besitzt gegenüber Massivdraht bei Hochfrequenz in bestimmten Wellenbereichen nur dann eine Überlegenheit, wenn alle Einzel-
drähte der Litze auf der vollen Leitungslänge durchgeführt sind
und namentlich, wenn die Verbindungsendstellen angeschlossen sind.

Zu diesem Zweck ist es notwendig, eine Prüfung der Leitfähigkeit vorzunehmen, zu welcher die in Abb. 68 dargestellte Einrichtung dienen kann.
a ist der zu einer Rolle
aufgewickelte Litzenlei-
ter. Das eine Ende dieses
Leiters wird sorgfältig
abisoliert, was durch
vorsichtiges Erhitzen bis
zu Rotglut, durch Ein-
tauchen in Spiritus und
durch sorgfältiges Ab-
bürsten der Isolations-
schicht mittels einer

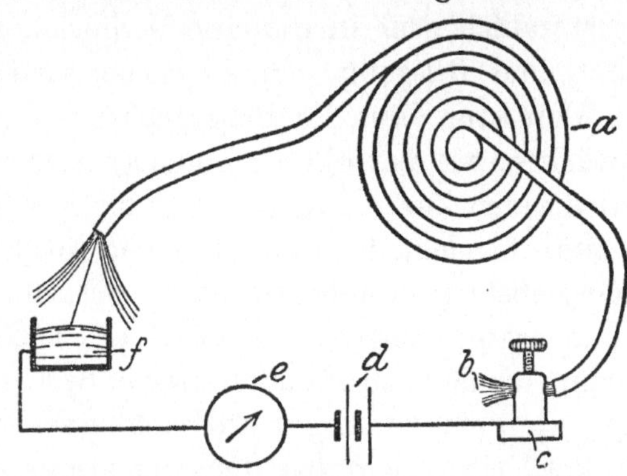

Abb. 68. Prüfung der Leitfähigkeit der Einzelleiter
einer Litze.

kleinen Stahldrahtbürste geschieht. Darauf werden die Drähte
zusammengedreht und verlötet. *b* ist das abisolierte und verlötete

Ende, welches in eine Klemme *c* eingeklemmt ist. *d* ist ein Spannungsquelle, *e* ein Meßinstrument oder Telephon, *f* eine kleiner, mit Quecksilber gefüllter Behälter. Nunmehr wird jeder Einzeldraht der Rolle *a* nacheinander in *f* eingetaucht und geprüft, ob Leitfähigkeit vorhanden ist.

C. Prüfung von Kondensatoren und Spulen.

Die Prüfung von Kondensatoren hat sich im wesentlichen auf die Aufnahme der Kapazitätskurve und auf die Isolationsgüte zu erstrecken. Nebenbei kommt auch noch eine Feststellung der dielektrischen Verluste in den Isolierteilen des Kondensators hinzu.

In welcher Weise die Kapazität eines Kondensators festgestellt bzw. wie die Kapazitätskurve aufgenommen wird, ist in mehreren Stellen in Kapitel III ausgeführt, zum Beispiel in Abschnitt A, b, ferner in Abschnitt B, c u. a. m. Auch dielektrischen Verluste im Isoliermaterial können mittels der Methode in Kapitel III, C, a festgestellt werden.

Einen Überblick über die Güte der Isolation erhält man wie folgt:

Bei Drehkondensatoren und Festkondensatoren kleiner Kapazitätswerte benutzt man die im vorstehenden Abschnitt beschriebene Methode. Ist die Isolation des Kondensators in Ordnung, so entsteht im Telephon, dessen eine Zuleitung mit der einen Belegung des Kondensators verbunden ist, ein Knackgeräusch, wenn der andere mit dem Telephon verbundene Berührungskontakt mit der anderen Kondensatorbelegung verbunden wird. Selbstverständlich muß in die eine Verbindungsleitung zwischen Telephon und Belegung ein Trockenelement geschaltet sein.

Man kann diese Prüfung auch mittels einer Glimmlichtlampe bewirken, wie dies oben schon auseinandergesetzt war. Allerdings hat dies nur Zweck, wenn es sich um Kondensatoren größerer Kapazität handelt, da immerhin der Kondensator einen gewissen Energiebetrag aufnehmen muß. Schließt man einen derartigen Kondensator größerer Kapazität an ein Gleichstromlichtnetz an, so darf die mit dem Kondensator in Serie geschaltete Glimmlichtlampe nur ein einmaliges Aufleuchten zeigen, muß jedoch alsdann dunkel bleiben. Ein Kondensator kleinerer Kapazität darf überhaupt kein merkliches Aufleuchten zeigen. Sollte bei einem Kondensator größerer Kapazität ein wiederholtes Aufleuchten der Glimmlichtlampe bemerkbar sein, so besitzt der Widerstand zwischen den Kondensatorbelegen keine genügende Größe. Der Kondensator ist alsdann schlecht isolirt. Selbstverständlich dürfen bei dieser Prüfung weder die Kondensatorklemmen noch die Glimmlichtlampe mit der Hand berührt werden.

Diese Prüfung ist bei Wechselstromnetzanschluß etwas schwieriger durchzuführen, da alsdann stets ein mehr oder weniger ausgeprägtes Aufleuchten bemerkbar sein wird.

Übrigens besteht schon eine gewisse Prüfungsmöglichkeit eines Kondensators größerer Kapazität darin, daß er nach erfolgter kurzzeitiger Aufladung mit Gleichstrom einen mehr oder weniger kräftigen Entladungsfunken ergeben muß, wenn man die Belegungen durch einen Schraubenzieher, ein Drahtstück oder dergl. miteinander verbindet.

Bei der Spulenprüfung kommt es einerseits darauf an, festzustellen, ob eine leitende Verbindung zwischen Eingangs- und Ausgangskontakt vorhanden ist, anderseits muß die Dämpfung und die Selbstinduktion der Spule festgestellt werden.

Die Güte der Leitungsverbindung zwischen den beiden Spulenenden, gegebenenfalls zwischen den Anzapfstellen und Spulenenden wird mittels der obenstehenden unter B wiedergegebenen Methode festgestellt.

Die Feststellung der Spulendämpfung bzw. des Spulenwiderstandes ist nicht ganz einfach, da sie mittels Hochfrequenz bewirkt werden muß. Eine passende Methode ist beispielsweise in Kapitel III, B, unter f wiedergegeben.

Auch die Feststellung der Selbstinduktion der Spule ist schon etwas schwieriger, da entweder eine Meßbrücke oder ein Wellenmesser vorhanden sein muß. Diese Messungen werden entweder mittels einer der Methoden, die in Kapitel III, A, e oder B, d wiedergegeben sind, festgestellt.

D. Prüfung von Detektoren.

In der Praxis wird häufig die Aufgabe gestellt, Detektoren, insbesondere Thermodetektoren durchzuprüfen. Wenn man an sich hierzu beispielsweise einen Wellenmesser als Sender benutzen und den zu prüfenden Detektor in einen aperiodischen Kreis einschalten könnte, so würde doch eine derartige Einrichtung einmal den Nachteil eines verhältnismäßig umfangreichen Aufbaues besitzen, und andererseits würde der Vergleich, welcher

akustisch durchgeführt werden muß, nicht einwandfrei sein, da
der Detektor gegen einen Normaldetektor zum Vergleich ausgewechselt werden müßte und außerdem im allgemeinen der Abstand der Kopplung zwischen dem aperiodischen Detektorkreis und
dem Wellenmesser nicht genügend konstant gehalten werden kann.

Zur Detektorprüfung bedient man sich zweckmäßig einer
Anordnung gemäß Abb. 69.

Diese besteht aus einer Sender- und einer Empfangsanord-
nung. Der Sender wird gebildet aus einer Spule a und einem festen
Glimmerkondensator b, welche den geschlossenen Schwingungs-

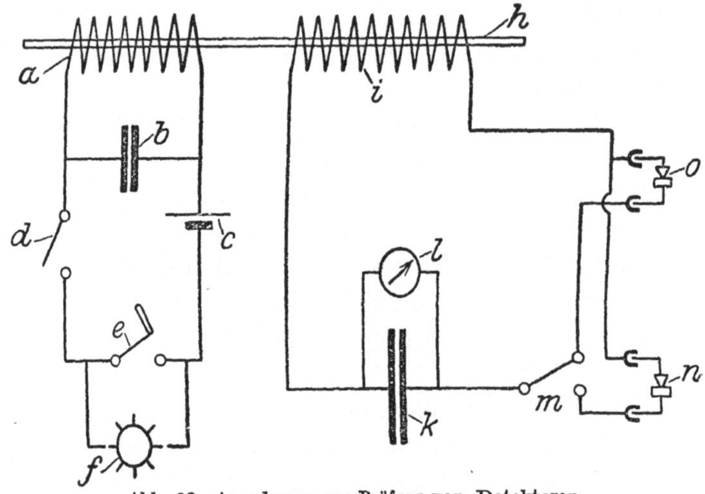

Abb. 69. Anordnung zur Prüfung von Detektoren.

kreis darstellen. c ist ein Element, d ein Summer, dessen Eigenfrequenz, möglichst über 100 Perioden, zweckmäßig im akustischen Bereich liegt. e ist ein Taster und f ein Uhrwerksschalter,
welcher an Stelle des Tasters e eingeschaltet werden kann.

Zweckmäßig wird die Anordnung so getroffen, daß die Spule a,
welche beispielsweise in Form einer Flachspule hergestellt sein kann,
in ihrer Mitte ein Loch besitzt, durch das eine aus Isoliermaterial hergestellte Stange h gesteckt ist. Auf dieser ist gleichfalls verschiebbar die Spule des Empfangskreises i angeordnet.
Der gegenseitige Abstand der Spulen voneinander wird zweckmäßig mittels einer Skala, die auf die Stange h eingraviert ist,
bestimmt. k ist ein Glimmerblockkondensator, l ein Galvanometer oder Telephon, m ein Schalter, welcher es erlaubt, entweder
mit dem Empfangskreis den Normaldetektor n, oder den zu prü-

fenden Detektor *o* einzuschalten. Der zu prüfende Detektor wird so lange reguliert, bzw. so lange abgeändert, bis er dieselbe oder ähnliche Lautstärke besitzt wie der Normaldetektor *n*.

Selbstverständlich liegt dieser Methode eine gewisse Willkürlichkeit zugrunde, da der Normaldetektor sich gleichfalls mit der Zeit verstellen oder unempfindlich werden kann. Außerdem ist den tatsächlich bei drahtlosen Empfangsstationen vorhandenen Schwingungen nur bis zu einem gewissen Grade Rechnung getragen, insbesondere da leicht auch die Niederfrequenzschwingungen des Summers auf den zu prüfenden Detektor einen Einfluß ausüben und bezüglich seiner Empfindlichkeit ein falsches Bild ergeben könnten. Im übrigen ist natürlich die Messung mit Galvanometer einer solchen mit Telephon vorzuziehen, da durch letzteres sehr große subjektive Fehler das Meßresultat fälschen können.

E. Prüfung von Hörern und Summern.

Für jeden, der einen Hörer kauft, ist es nicht nur notwendig, sich davon zu überzeugen, daß derselbe mit angenehmem Druck gegen die Ohren anliegt und daß sein Gewicht nicht allzu schwer ist, da sonst leicht Ermüdungserscheinungen eintreten können, sondern man muß sich auch vergewissern, daß der Hörer die nötige Empfindlichkeit besitzt, da sonst die gewünschte Empfangslautstärke nicht erzielt werden kann.

Eine sehr einfache Prüfung jedes Kopfhörers besteht darin, daß man die Enden der Zuleitungsschnur mit der Zunge berührt. Es muß alsdann bei einem empfindlichen Hörer bei jeder Berührung und beim Loslassen der Zunge ein leichtes Knacken zu hören sein. Dieser Effekt wird dadurch hervorgerufen, daß eine geringe Spannungswirkung durch die Säure des Speichels erzeugt wird.

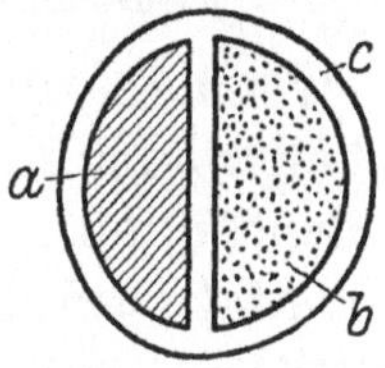

Sehr zweckmäßig hierfür ist auch die Benutzung kleiner Elemente, welche als sog. Telephonprüfer im Handel zu haben sind.

Man kann sich auch dieses Element sehr gut selbst herstellen. Gemäß Abb. 70 wird ein alter

Abb. 70. Telephonprüfungselement.

Kupferpfennig *a* gehälftet und zusammen mit einem kleinen Stückchen Stanniol *b* auf eine Scheibe aus isolierendem Material, z. B. Glimmer *c* aufgeklebt. Wenn die Trennfuge mit Speichel etc. überbrückt wird, ist ein kleines Element gebildet, und es ent-

steht ein deutliches Knacken im Telephon, wenn die Zuführungs-
enden des Telephons mit a und b berührt werden.

Diejenigen Hörer, welche mit einer Empfindlichkeitseinstellung
versehen sind, bedürfen einer besonderen feinen Einstellung vor
oder während der Benutzung. Am einfachsten wird der gewünschte
Effekt dadurch erzielt, daß man während des normalen Empfanges
an der Feineinstellschraube so lange dreht, bis das Optimum an
Lautstärke erzielt ist. Es ist hierbei zu beachten, daß die Klang-
reinheit durch die Einregulierung nicht leiden darf. Unter Umständen kann ein etwas leiserer Empfang, welcher klangrein ist,
vorteilhafter sein, als die Erzielung einer größeren Lautstärke.

Die nachstehende Schaltung (Abb. 71) besitzt den Vorteil,
daß es mit ihr in einfacher Weise möglich ist, entweder Summer
oder Telephon zu prüfen.

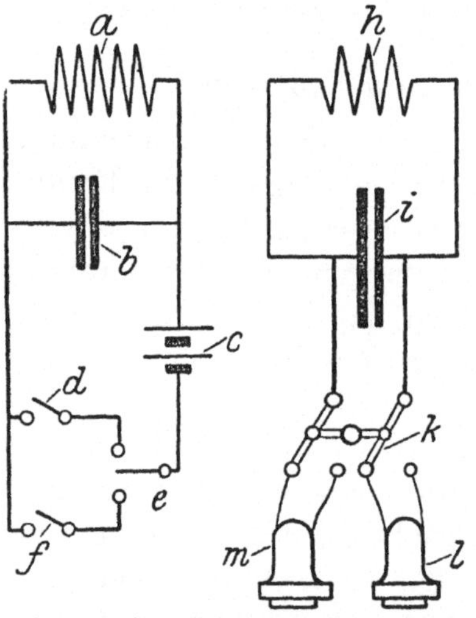

a ist eine Selbstinduktionsspule, b ein Glimmerblockkondensator, c eine Stromquelle, d ein
stationärer Summer (Normal-
summer). Mittels eines Schalters e
kann entweder dieser Summer
oder ein zu prüfender Summer f
an den Sendekreis $a\,b$ angeschaltet
werden. Der Empfangskreis besteht aus der Spule h, dem Kondensator i und einen doppelpoli-
gen Schalter k. Dieser erlaubt entweder den Empfangskreis auf das
Normaltelephon l, oder auf das zu
prüfende Telephon m einzustellen.

Abb. 71. Prüfschaltungsanordnung für
Summer und Telephon.

Wenn eine Summerprüfung erfolgen soll, schaltet man den
Schalter k auf Empfang mit Normaltelephon l und reguliert den zu
prüfenden Summer f so lange, bis im Telephon l ein Ton gleicher
Lautstärke und gleichen Charakters wie der des Normalsummers d
auftritt.

Handelt es sich um eine Telephonprüfung, so wird nur der Nor-
malsummer d im Sendekreis benutzt, und der Schalter k wird entweder auf das Normaltelephon l oder auf das zu prüfende Telephon
m umgestellt. Gleichheit der Tonstärke und Art ist auch hier
wieder das Kriterium für eine überschlägige Prüfung.

F. Feststellung des richtigen Anschlusses einer Schalldose.

Der richtige Anschluß einer Schalldose ist gerade bei den modernen Empfangsanlagen von besonderer Wichtigkeit, da insbesondere bei den Konuslautsprechern, aber auch bei manchen Trichterlautsprechern ein verhältnismäßig großer Anodenstrom durch das Magnetsystem hindurchgeht. Wenn also die Schalldose falsch gepolt angeschlossen wird, entsteht eine dauernde Entmagnetisierung und somit mindestens eine allmähliche Beeinträchtigung der Lautstärke. Abgesehen davon können aber durch falsch gepolten Anschluß leicht Störgeräusche auftreten, die die Wiedergabe mehr oder weniger beeinträchtigen.

Es sind eine ganze Reihe von Methoden angegeben worden, um die richtige Polung festzustellen.

Eine etwas kompliziertere Methode, die das Vorhandensein eines kleinen Galvanometers voraussetzt, besteht gemäß Abb. 72 in folgendem: Die Anschlußpole $b\,c$ der Schalldose a werden von den Empfängerkontakten abgetrennt, und es wird an diese ein kleines empfindliches Galvanometer d angeschaltet. Wenn man nun beispielsweise mit dem Zeigefinger auf die Membran einen leichten Druck ausübt, so wird der Zeiger des Galvanometers infolge des permanenten Magnetismus eine Drehung nach rechts oder links ausführen. Mittels eines Elementes oder dergl., dessen Polarität bekannt ist, ist nunmehr festzustellen, bei welchem Pol der gleiche Ausschlagssinn des Galvanometers erzielt wird. Auf

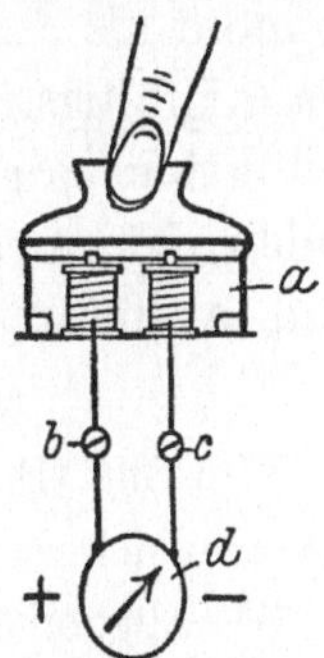

Abb. 72. Feststellung der richtigen Polarität einer Schalldose.

diese Weise stellt man beispielsweise fest, daß der in der Abbildung linke Anschluß der positive, der rechte der negative sei. Infolgedessen ist beim besprochenen Versuche erwiesen, daß das Schalldosenende b mit dem positiven Anodenbatteriepol des Empfängers zu verbinden ist.

Eine andere einfachere Methode, welche lediglich die Bestandteile für den Rundfunkempfang voraussetzt, besteht in folgendem: Man verbindet den Lautsprecher mit dem Empfänger und nähert mittels der an der Schalldose angebrachten Einstellvorrichtung die Magnetpole der Membran so weit, bis beinahe ein Kleben stattfindet. Darauf vertauscht man die Kontakte, wobei man entweder feststellt, daß die Membran nunmehr an den Magnetpolen klebt, oder aber, daß ein größerer Abstand erzielt ist, der sich in einer Art klirrendem Geräusch bzw. schwächerer Lautstärke äußern kann. Der erste Fall ist ein Kennzeichen dafür, daß der ursprüngliche Anschluß falsch war, daß vielmehr der umgepolte Anschluß der richtige ist. Wird der gegenteilige Effekt erzielt, ist also die Membran gleichsam loser geworden, so ist dies ein Beweis dafür, daß der ursprüngliche Anschluß der richtige war.

III. Wichtigste Meßschaltungen.
A. Messungen mit der Wheatstoneschen Brücke.

Für die Messungen mit der Wheatstoneschen Brücke kommt entweder die in Kapitel I beschriebene Gleichstrom- oder die Wechselstromanordnung inbetracht. Solange es sich nur darum handelt, den Gleichstromwiderstand festzustellen, genügt eine einfache Brückenanordnung mit einer Batterie bzw. einem Trockenelement als Stromquelle. Wenn jedoch Wechselstromwiderstände mannigfaltigster Art, wie insbesondere auch Kapazitäten, Selbstinduktionen, gegenseitige Induktionen usw., bestimmt werden sollen, ist es erforderlich, die Brücke in Wechselstromschaltung und -ausführung zu verwenden.

a) Messung von Widerständen.

Um den Ohmschen Gleichstromwiderstand von Widerständen irgendwelcher Art festzustellen, kann die in Kapitel I, Abb. 29, S. 31 abgebildete Brückenanordnung verwendet werden. Man reguliert die Brücke so ein, daß das Galvanometer d auf 0 bleibt, auch wenn mit dem Taster f nur ein momentaner Stromstoß gegeben wird. Wenn hierbei das Galvanometer d noch einen Ausschlag nach der einen oder anderen Seite hin machen sollte, so muß die Brücke durch Verschieben des Kontaktschiebers c so lange einreguliert werden, bis die Galvanometernadel vollkommen unbeweglich bleibt.

Eine kurze Übung mit der Wheatstoneschen Brücke gibt dem Bedienenden das Gefühl dafür, ob der Kontaktschieber c nach rechts oder links verschoben werden muß, nachdem einmal die Grobeinstellung der Brücke durch Wahl eines passenden Widerstandes w_b bewirkt ist.

Während wie gesagt für viele Widerstandsmessungen die Wheatstonesche Brücke in Gleichstromschaltung ausreicht, kommen doch in der Radio-Technik eine ganze Reihe von Fällen vor, bei welchen man mit der Gleichstrommeßbrücke falsche Resultate erhalten würde. Dies tritt z. B. immer dann ein, wenn man den Widerstand von Halbleitern usw. messen will, bei denen, wenn man sie in den Brückenzweig einschalten würde, Polarisationserscheinungen eintreten würden. Man würde an der Gleichstrommeßbrücke im allgemeinen zu große Widerstandswerte erhalten.

Um den Wechselstromwiderstandswert von Halbleitern, wie beispielsweise einem Elektrolyten, zu erhalten, verfährt man in der Weise, daß man die Wheatstonesche Brücke in Wechselstromschaltung gemäß Abb. 30, S. 33 verwendet. Der unbekannte Widerstand ist auch hier wieder durch w_x gekennzeichnet. Die Brücke wird so lange abgeglichen, bis das Tonminimum im Hörer d erzielt ist.

Besonders häufig kommt der Fall vor, daß der Erdübergangswiderstand einer Antenne bzw. Erdung gemessen werden soll. Für die meisten Fälle genügt es alsdann, überschlägige Werte in

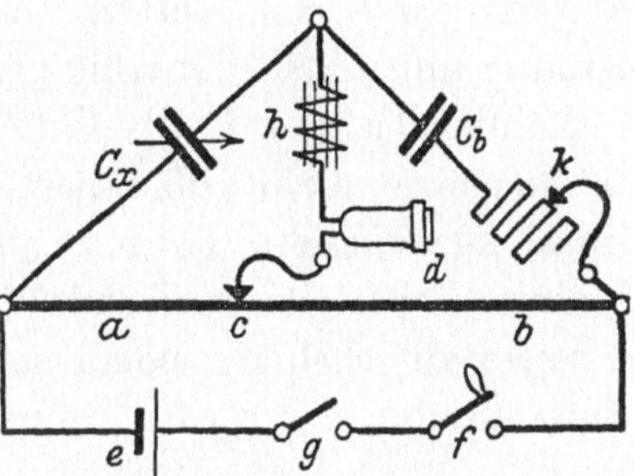

Abb. 73. Wheatstonesche Brückenschaltung für Kapazitätsmessungen.

der Weise zu erhalten, daß an die Punkte g und i je ein geerdeter Metalldraht angeschaltet wird. Die Metalldrähte sollen einen Abstand, auf den es im übrigen nicht allzu wesentlich ankommt, von einigen Metern voneinander aufweisen. Man kann alsdann den Erdübergangswiderstand direkt an der Meßbrücke ablesen.

b) Messung von Kapazitäten.

Die Messung von Kapazitäten ist zwar in der einfachen Wheatstoneschen Wechselstrombrücke möglich, indessen erhält man einigermaßen genaue Werte nur für größere Kapazitätswerte, was im wesentlichen durch die Abmessungen des Meßdrahtes bedingt ist, andererseits sind, um ein hinreichend scharfes Minimum für die Messungen zu erhalten, noch einige Kunstgriffe erforderlich.

Es wird eine Schaltung gemäß Abb. 73 verwendet. C_x ist der Kondensator, dessen Kapazität festzustellen ist, C_b ist der Kondensator bekannter Kapazität, d ist das Telephon, vor welches zweckmäßig, um die Abstimmung zu verbessern, eine Drosselspule h geschaltet wird, $a\,b$ ist der Meßdraht, der ebenso wie die anderen Leitungen der Brücke möglichst kapazitäts- und selbstinduktionsfrei, dafür aber von höherem Ohmschen Widerstand sein soll, e die Stromquelle, f ein Schalter und g der Summer, möglichst ein Tonsummer. Bei Abgleichung der Brücke auf Geräusch- bzw. Tonminimum ist die Bedingung erfüllt

$$C_x = \frac{b}{a} \cdot C_b \,.$$

Um möglichst genaue Werte zu erhalten, ist es notwendig, daß der Ohmsche Widerstand des Meßdrahtes ungefähr gleich den kapazitiven Widerständen der benutzten Kondensatoren ist. Dieses ist auch der Grund, warum man mit der Brücke in dieser Anordnung nur verhältnismäßig große Kapazitäten gut messen kann.

Mißlich bleibt auf alle Fälle die verhältnismäßig geringe Abstimmschärfe, die durch innere Brückenbedingungen gegeben ist. Um sie zu verbessern, tut man gut, mit dem Vergleichskondensator C_b einen kapazitäts- und induktionsfreien variablen Widerstand k in Serie zu schalten, wobei selbstverständlich die Größe dieses Widerstandes in der oben angegebenen Formel zu berücksichtigen ist.

Die Kapazitätsmeßbrücke kann ferner auch beispielsweise für die statische Bestimmung der Dielektrizitätskonstante eines Isolators benutzt werden. Man geht hierbei so vor, daß man zunächst die Kapazität C_x in Luft bestimmt, und indem man das anderemal zwischen die Kondensatorplatten das zu untersuchende flüssige Dielektrikum bringt. Es ergibt sich alsdann die Dielektrizitätskonstante direkt aus dem Verhältnis der in beiden Fällen gemessenen Kapazitäten.

Auch bei einem festen Dielektrikum kann man in der Weise vorgehen, und es ist in diesem Falle am bequemsten, einen nur aus zwei Platten bestehenden Kondensator anzuwenden, dessen Plattengröße gleich dem zu untersuchenden Material ist, und wobei dieses zwischen die beiden Platten ohne Luftzwischenraum geklemmt wird.

c) Messung von Selbstinduktionen.

Für Spulen mit sehr großer Selbstinduktion, bzw. wenn die Spulen praktisch keinen nennenswerten Ohmschen Widerstand besitzen, bzw. solche, deren induktiver Spulenwiderstand gleich dem

Widerstand des Meßdrahtes ist, ist nicht nur die Messung relativ einfach, sondern es können auch verhältnismäßig genaue Resultate erzielt werden.

Wenn jedoch, wie dies im allgemeinen der Fall sein wird, die Selbstinduktion nur klein ist, bzw. die Spulen einen immerhin merklichen Ohmschen Widerstand besitzen, so ist die Messung mit der Wheatstoneschen Brücke nicht nur verhältnismäßig schwierig, da die Einregulierung auf das Tonminimum nicht einfach ist, sondern es sind auch im allgemeinen nur angenähert richtige Meßwerte zu erwarten. Der Vollständigkeit halber soll indessen die Meßbrückenanordnung in der speziellen Ausfertigung für Selbstinduktionswerte nachstehend wiedergegeben werden.

Zur Messung wird die Selbstinduktionsspule L_x (siehe Abb. 74), deren Selbstinduktion unbekannt ist, mit einem Ohmschen Widerstand in Serie in einem Brückenzweig geschaltet. Im anderen Brückenzweig liegt die Selbstinduktionsspule mit bekannter Selbstinduktion L_b, zweckmäßig einem geeichten Selbstinduktionsvariometer, das ebenfalls mit einem Ohmschen Widerstand i in Serie geschaltet den anderen Brückenzweig bildet. Ferner dient auch hier wieder ein veränderlicher Widerstand wie beispielsweise ein Meßdraht $a\,b$ zur Abgleichung der Brücke.

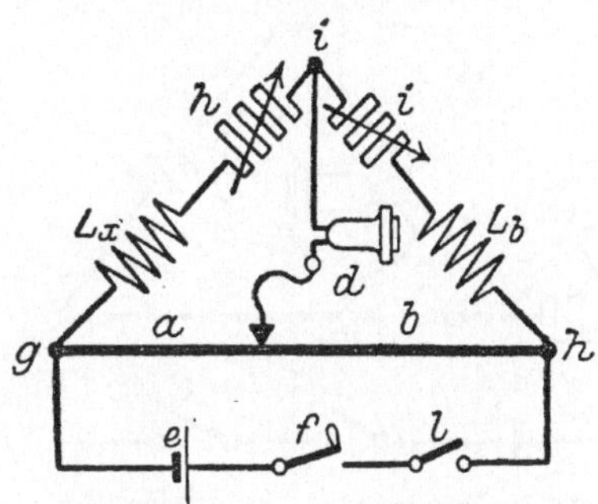

Abb. 74. Wheatstonesche Brücke für Selbstinduktionsmessungen.

Die Einschaltung der Ohmschen Widerstände h und i empfiehlt sich aus folgendem Grunde: Würde man diese Widerstände, die übrigens gegebenenfalls auch durch einen nicht geeichten Meßdraht ersetzt werden können, fortlassen, so würde ein Tonminimum im Telephon kaum erzielbar sein. Wenn man jedoch den Spulenwiderstand durch die Zusatzwiderstände h und i entsprechend vermehrt, so kann man ein immerhin ausgesprochenes Minimum erhalten, welches eine Einstell- und Ablesemöglichkeit zuläßt. Es kommt wie gesagt nicht darauf an, daß die Widerstände h und i geeicht sind, hingegen ist es notwendig, daß sie einregulierbar sind.

Die Erregung der Brücke wird mittels Niederfrequenz oder Mittelfrequenz (Tomsummer l) bewirkt, wobei es vorteilhaft ist, den Speisewechselstrom der Brücke möglichst sinusförmig zu gestalten.

Die Brücke wird nun so abgeglichen, daß ein annäherndes Tonminimum im Telephon d eintritt, alsdann werden möglichst kapa-
zitäts- und selbstinduktionsfreie Widerstände h und i unter weiterer
Verschiebung des Kontaktes auf dem Meßdraht $a\,b$ so lange verändert, bis ein möglichst absolutes Geräuschminimum im Hörer
erzielt ist. Es gilt alsdann

$$L_x = \frac{a}{b} \cdot L_b.$$

Die Brücke kann übrigens auch in einfachster Weise dazu verwendet werden, den Ohmschen Widerstand einer Selbstinduktionsspule festzustellen. Die Spule mit dem bekannten Selbstinduktionskoeffizienten L_b wird alsdann durch einen bekannten

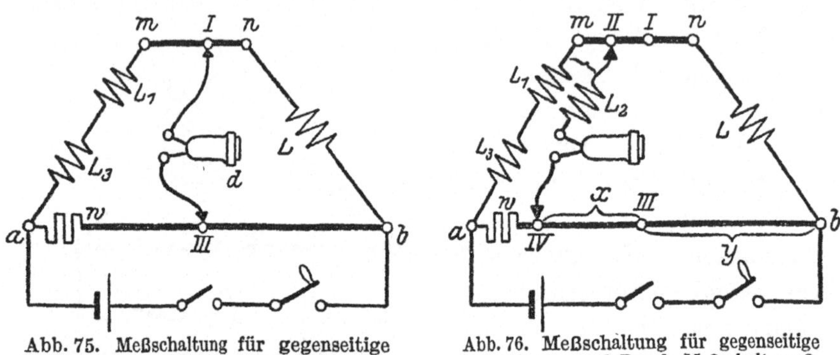

Abb. 75. Meßschaltung für gegenseitige
Induktionen nach Busch, Meßschaltung 1.

Abb. 76. Meßschaltung für gegenseitige
Induktionen nach Busch, Meßschaltung 2.

Widerstand ersetzt, und die Widerstände h und i werden kurzge-
schlossen. Die mittels ein Galvanometers für Selbstinduktions-
werke verwendete Brücke braucht alsdann nur mit einer Stromquelle c erregt zu werden, um den Gleichstromwiderstand der Spule
festzustellen.

d) Messung gegenseitiger Induktion.

Die Messung gegenseitiger Induktionen mit der Wheatstoneschen Wechselstrommeßbrücke ist nicht ganz einfach und kann
insbesondere, wenn auf Genauigkeit Wert gelegt wird, auch nur
für einen bestimmten Induktionsbereich hinreichend exakt ausgeführt werden.

Das von H. Busch angegebene Verfahren ist durch die Sche-
mata von Abb. 75 und Abb. 76 gekennzeichnet.

Abb. 75 stellt die Anordnung für die erste Einstellung der Brücke
dar. Es sind hierbei zwei Selbstinduktionsspulen L und L_1 vor-

gesehen. Aus meßtechnischen Gründen empfiehlt es sich ferner, in den Brückenzweig der Spule L_1, deren gegenseitige Selbstinduktion mit einer anderen Spule L_2 festgestellt werden soll, und von der noch zu sprechen ist, eine weitere Selbstinduktionsspule L_3 zu schalten, die etwa die gleiche Größe besitzen soll, wobei jedoch eine Induktion von L_3 auf eine der anderen Spulen nicht stattfinden darf.

Die Brücke enthält zwei Meßdrähte $a\,b$ und $m\,n$, auf denen zwei Schleifkontakte verschoben werden können, zwischen denen das Telephon liegt. Die Zuführung der Wechselspannung erfolgt an den Endpunkten des Meßdrahtes $a\,b$ in bekannter Weise.

Es wird nun zunächst die Anordnung gemäß dem Schema von Abb. 75 abgeglichen, bis im Telephon kein Geräusch mehr auftritt. Man erhält auf diese Weise auf den Meßdrähten $a\,b$ und $m\,n$ die Punkte I und III.

Nunmehr erst wird die Anordnung gemäß Abb. 76 abgeändert, d. h. man schaltet in die Zuleitung von dem einen Schleifkontakt zum Telephon die Selbstinduktionsspule L_2, deren gegenseitige Induktion zu L_1 festgestellt werden soll. Es wird nunmehr eine andere Abgleichung der Brücke bis zum Tonminimum erzielt, wobei die Schleifkontakte beispielsweise weiter links auf den Meßdrähten verschoben

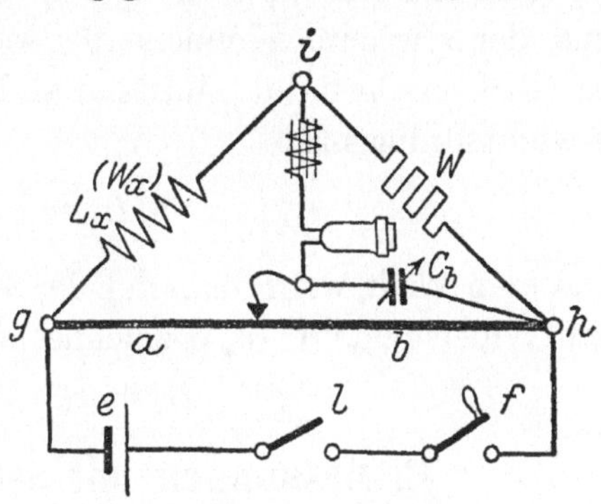

Abb. 77. Schaltung zur Vergleichsmessung von Kapazität und Selbstinduktion.

sein mögen, und es ergibt sich für die gegenseitige Induktion M der beiden Spulen L_1 und L_2 der Ausdruck:

$$M = L \cdot \frac{x}{y},$$

wobei der dem Abstand korrespondierende Widerstandswert des ersten Einstellungspunktes III vom zweiten Einstellungspunkt IV durch x gekennzeichnet ist, während der korrespondierende Widerstand dem Abstand des Punktes III vom Endpunkt des Meßdrahtes b entspricht, und durch y bezeichnet ist. Es ist ferner aus meßtechnischen Gründen zweckmäßig, in den Meßdraht $a\,b$ einen selbstinduktionslosen Widerstand w in der Größenordnung von etwa 10 bis 50 Ohm zu schalten.

e) Vergleichsmessung von Kapazität und Selbstinduktion.

Man kann mit einer kleinen Abänderung die Wheatstonesche Wechselstrommeßbrücke auch so schalten, daß Kapazität und Selbstinduktion miteinander verglichen werden können. Hierzu wird in den einen Zweig nur ein Ohmscher Widerstand, in den anderen Brückenzweig nur die zu messende Selbstinduktionsspule gelegt. Zur Messung wird die Selbstinduktionsspule mit einem Kondensator verglichen, welcher einerseits an dem auf dem Meßdraht schleifenden Kontakt, andererseits an dem Kontaktpunkt g abgezweigt ist.

Auch hier wird zunächst die Brücke wieder mit Gleichstrom erregt und anstelle des Telephons ein Galvanometer benutzt, welches nach Abgleichung der Brücke keinen Ausschlag mehr zeigen darf.

Nunmehr erst wird die Brücke auf Wechselstrom umgeschaltet und der erwähnte Kondensator so verändert, daß im Telephon der Ton verschwindet. Man hat alsdann für die Brücke die Gleichgewichtsbedingung:

$$L_x = \frac{w \cdot b}{1/C_b}$$

und man erhält, wenn man den der Selbstinduktion L_x entsprechenden Widerstand mit w_x bezeichnet, den Ausdruck:

$$L_x = w_x \cdot b \cdot C_b \,.$$

B. Messungen mit dem Wellenmesser.

Für alle Arbeiten mit dem Wellenmesser, gleichgültig, ob er als geeichter Empfänger oder als geeichter Sender schwacher Energie benutzt wird, gilt die Regel, daß, um ein scharfes Abstimmungsmaximum zu erzielen, die Kopplung zwischen dem zu messenden und dem Meßsystem so lose als irgend möglich gemacht wird. Man geht bei der Messung am besten so vor, daß zunächst die Kopplung so fest gemacht wird, daß in breitem Bereich das Indikationsinstrument in dem Meßsystem anspricht. Allmählich vergrößert man den Abstand in den beiden Systemen unter gleichzeitiger Drehung des einen der beiden Kondensatoren, bis nur noch in einem bestimmten kleinen Bereich eine nennenswerte Einwirkung auf das Indikationsinsrtument, also in den meisten Fällen ein Ton oder Geräusch im Abhörtelephon erzielt wird. Hierbei ist allerdings vorausgesetzt, daß sich diese beiden Systeme im wesentlichen in Abstimmung befinden. Ist dieses durch Veränderung des einen Kondensators allein nicht zu erzielen, so ist durch Auswechseln einer Spule zunächst erst einmal grob der Wellenlängenbereich beider Systeme gleichzumachen. Die Feineinregulierung erfolgt alsdann durch entsprechende Drehung des veränderlichen Plattensatzes des Drehkondensators.

Es ist hierbei zu beachten, daß die mit dem einen System verbundene Unterbrechungsvorrichtung auf möglichst gleichmäßige Unterbrechungszahl einreguliert werden muß. Mit Rücksicht auf die ausgesprochene Empfindlichkeit der meisten Telephone im akustischen Tonfrequenzbereich ist es vorteilhaft, einen Unterbrecher zu wählen, der auch in diesem Bereich arbeitet.

Für die Inangriffnahme der nachstehenden Messung ist es naturgemäß sehr wesentlich, welche Wellenmesserart zur Verfügung steht, bzw. welche verschiedenen Schaltungsmöglichkeiten der Wellenmesser besitzt. Wie in Kap. I ausgeführt, kann der Wellenmesser grundsätzlich entweder als geeichter Empfänger oder als geeichter Sender ausgeführt sein. In beiden Fällen sind aber eine große Anzahl von verschiedenen Varianten möglich, nicht nur, daß die konstruktive Ausgestaltung des Wellenmessers an und für sich eine überaus mannigfaltige sein kann, indem entweder die Kapazität oder die Selbstinduktion oder, was meist der Fall sein wird, beide variabel gestaltet sein können, sondern, indem auch die verschiedenartigsten Resonanzanzeiger ebenso Verwendung finden können, wie auch bei der Benutzung des Wellenmessers als geeichter Oszillator (Sender) die verschiedenartigsten Erregungsmethoden anwendbar sind.

Auf diese Gesichtspunkte ist wie gesagt bei den nachstehenden Messungen Rücksicht zu nehmen, bzw. es sind gemäß den zur Verfügung stehenden Mitteln die Meßanordnungen entsprechend abzuändern.

a) Messung der Wellenlänge eines gedämpften Senders.

Gemäß der Schaltungsanordnung von Abb. 78 soll die Wellenlänge des Senderkreises $i\,k\,l\,k$ gemessen werden. Der Wellenmesser $f\,e\,g\,h$ wird in ziemlich weitem Abstande vom Sender aufgestellt, und während Strichgebens des Senders wird das Resonanzmaximum festgestellt. Alsdann kann die Wellenlänge direkt am Wellenmesser abgelesen werden.

Sofern der Sender ungedämpfte Schwingungen erzeugt, kann man die Wellenlänge in gleicher Weise messen, jedoch ist es als-

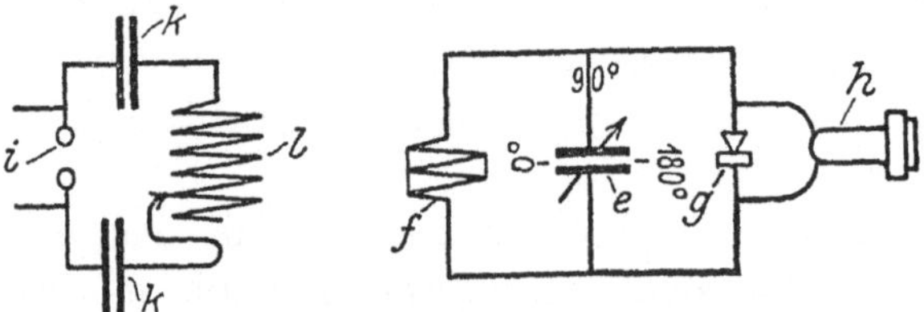

Abb. 78. Messung der Wellenlänge eines gedämpften Senders.

dann erforderlich, anstelle des Kristalldetektors g die Kombination eines solchen mit einem Blockkondensator und einem Unterbrecher anzuwenden, dessen Unterbrechungszahl im akustisch hörbaren Bereich liegt (siehe auch Wellenmesser). Es wird hierbei in gleicher Weise verfahren wie bei der Wellenlängenmessung des gedämpften Senders.

b) Messung der Wellenlänge (Eichung) des Sekundärkreises eines Empfängers.

Der Sekundärkreis des Empfängers $n\,q$ möge wieder durch einen Unterbrecher p nebst Stromquelle o gemäß dem Schaltungsschema Abb. 79 erregt werden. Der Meßkreis $e\,f$ möge in diesem

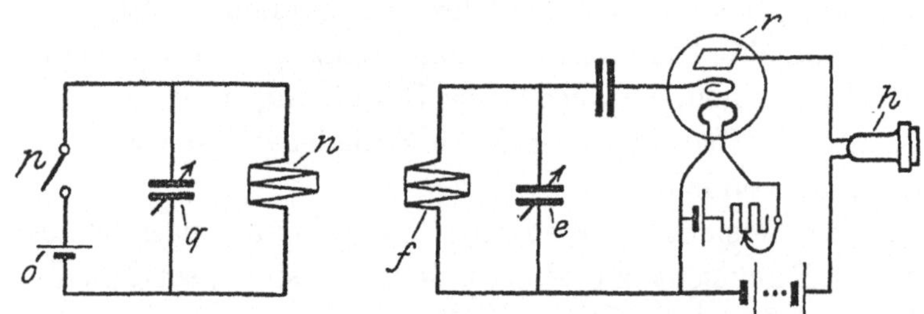

Abb. 79. Messung (Eichung) der Wellenlänge des Sekundärkreises.

Falle jedoch als Resonanzindikator nicht einen Kristalldetektor, sondern eine Röhre r enthalten, welche auf das Empfangstelephon h wirkt. Auch bei dieser Schaltung wird im Telephon h wieder auf größte Lautstärke eingestellt und die vorhandene Wellenlänge abgelesen. Es wird zweckmäßig sein, zwischen Gitter und Gitterkondensator einen Ableitungswiderstand zu schalten.

c) Messung von Kapazitäten.

Der Wellenmesser kann besonders gut dazu benutzt werden, den Kapazitätswert eines Kondensators festzustellen, sofern entweder der Wellenmesserkondensator selbst geeicht ist, und Selbstinduktionsspulen, deren Selbstinduktionswerte bekannt sind, zur Verfügung stehen.

Die Messung der Kapazität vollzieht sich alsdann in folgender Weise: Es wird mit dem Kondensator, der in Kapazitätswerten geeicht werden soll, eine der Spulen bekannter Selbstinduktion zu einem geschlossenen Schwingungskreis vereinigt. An dieses System wird beispielsweise die Kombination eines Detektors mit Telephon angeschlossen. Der Wellenmesser wird als geeichter Sender betätigt, und es wird der zu eichende Kondensator auf den kleinsten Kapazitätswert eingestellt. Nach Inbetriebsetzung des geeichten Wellenmesser-Oszillators wird die Kapazität dieses Meßsystems solange variiert, bis das Tonmaximum im Telephon deutlich erkennbar ist. Man hat für diese Stellung die Wellenlänge des zu eichenden Kondensatorsystems, und man kennt ferner die Selbstinduktion L der mit dem Kondensator verbundenen Spule. Es ergibt sich infolgedessen für die Größe der Kapazität C in cm der Ausdruck

$$C^{\mathrm{cm}} = 253{,}3 \, \frac{\lambda^2\,\mathrm{m}}{L\,\mathrm{cm}}.$$

Man braucht aber nicht unbedingt den Wellenmesser als geeichten Sender zu benutzen, sondern, man kann vielmehr ebenso

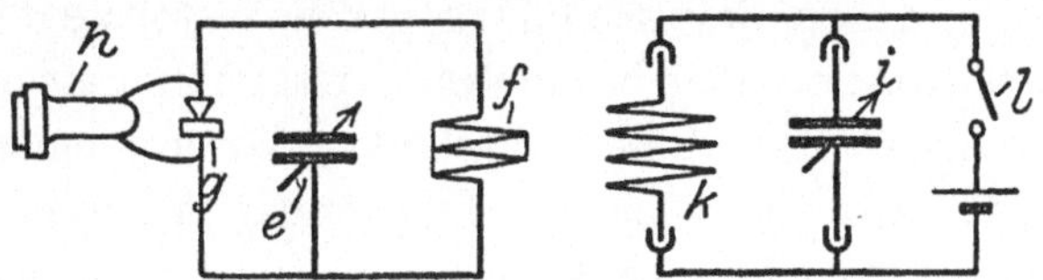

Abb. 80. Messung der Kapazität unter Benutzung eines Wellenmessers und einer Spule bekannter Induktanz.

gut den Wellenmesser als geeichten Empfangsmeßkreis, $e\,f$ also mit Indikatoreinrichtung $g\,h$ verwenden und den aus dem zu eichenden Kondensator i und der Spule k bekannter Selbstinduktion bestehenden Kreis mittels eines Unterbrechers 1 zu Sonderschwingungen anstoßen, wie dies Abb. 80 zeigt.

Es wird nun der Kondensator i zunächst auf den kleinsten Kapazitätswert eingestellt und das System $k\,i$ durch den Unterbrecher l angestoßen. Der Wellenmesserkondensator e wird so lange variiert, bis Abstimmung vorhanden ist. Es ergibt sich alsdann für diese Kapazitätsstellung von i direkt wieder der Kapazitätswert aus dem Ausdruck:

$$C^{\mathrm{cm}} = 253{,}3\,\frac{\lambda^2\,\mathrm{m}}{L^{\mathrm{cm}}}.$$

So geht man nun sukzessive für verschiedene aufeinander folgende Kapazitätsstellungen des Kondensators i vor und erhält somit die Kapazitätskurve.

Bei diesen und den folgenden Messungen ist jedoch darauf zu sehen, daß die Verbindungsleitungen zwischen Kondensator und Selbstinduktionsspule so kurz als irgend möglich bemessen werden, damit die Selbstinduktion der Verbindungsleitungen ebenso wie die Kapazitätsbeträge, die diese unter sich aufweisen, gegenüber der Selbstinduktion der Spule bzw. der Kapazität des Kondensators praktisch nicht inbetracht kommen. Es ist ferner angenommen, daß die Eigenkapazität der Spule vernachlässigbar ist. Sonst müssen die nachfolgenden Ausführungen unter d) berücksichtigt werden.

d) Messung von Selbstinduktion und Eigenkapazität.

In ähnlicher Weise, wie die Eichung eines Kondensators mit dem Wellenmesser unter c) bewirkt wurde, können auch Selbstinduktionswerte bestimmt werden. Es wird wiederum die Selbstinduktionsspule, deren Selbstinduktionsgröße festgestellt werden soll, mit einem Kondensator bekannter Kapazität zu einem Kreis zusammengeschaltet und dieser Kreis entweder mit einem Indikator versehen, um als geeichter Empfänger Verwendung zu finden, oder aber, es wird der Kreis mit einer kleinen Sendevorrichtung (Summer) gekoppelt, wobei alsdann der geeichte Wellenmesser als Empfänger dient. Dieses letztere Verfahren kann man allerdings nur dann anwenden, wenn die Selbstinduktion der Spule nicht allzu klein ist, da sonst die Summererregung dieses Kreises unter Umständen nicht ganz einwandfrei zu erhalten ist. Man kann sich in diesem Falle allerdings dadurch helfen, daß man in Serie jedoch ganz entkoppelt mit der zu messenden Spule, die eine besondere kleine Selbstinduktion haben möge, eine andere Spule hinreichend großer Selbstinduktion schaltet, und daß man diesen

Kreis mit dem Wellenmesser als Empfänger eicht. Alsdann entfernt man die Spule, deren Selbstinduktion bestimmt werden soll, aus dem Kreis und eicht den Kreis mit dem Wellenmesser wiederum. Er wird jetzt eine etwas kleinere Wellenlänge aufweisen. Aus der Differenz der beiden Wellenlängenwerte kann man direkt die Größe der Selbstinduktion der zu messenden Spule gewinnen.

Außer der Messung der Selbstinduktion einer Spule ist es zuweilen wichtig, festzustellen, welche Eigenkapazität die Spule besitzt, Da nämlich bei jeder Spulenkonstruktion die Windungen mehr oder weniger benachbart sind, besitzt jede Spule auch eine gewisse Eigenkapazität, deren Kenntnis für manche Zwecke wünschenswert ist. Es ist gelungen, durch besondere Wicklungsarten die Eigenkapazität der Spulen verhältnismäßig gering zu halten. Vorhanden ist sie indessen stets.

Die Eigenkapazität bewirkt, daß die einfache Thomson-Kirchoffsche Formel nicht ganz zutreffend ist, daß vielmehr zu der Kapazität des Kondensators in dem betreffenden Resonanzkreis noch die Eigenkapazität der Spule, die durch C_{sp} gekennzeichnet sei, hinzukommt. Die genaue Thomson-Kirchhoffsche Formel lautet wie folgt:

$$\lambda = 2\pi \sqrt{(C + C_{sp}) \cdot L}\,.$$

Die Feststellung der Eigenkapazität einer Spule wird am besten mit dem Wellenmesser bewirkt, und zwar am genauesten und raschesten mit dem Absorptionswellenmesser.

Man schaltet hierzu den Sendekreis, um bis auf sehr kurze Wellen hinunterzukommen, gemäß Abb. 81. Hierbei ist das Gitter mit dem einen Pol der Heizung über eine Hochfrequenzdrosselspule und einen Ohmschen Widerstand verbunden. Die Abstimmung bzw. Absorption wird mittels des Kondensators a bewirkt. Man verfährt in der Weise, daß die Spule nicht zu weit vom Sendekreis entfernt aufgestellt wird, und daß beim Drehen des Kondensators a sobald Spule und Kreis in Resonanz kommen, infolge Energieentziehung eine Verminderung der Anodenstromstärke eintritt, die entweder am Anodenkreis-Milliampere-

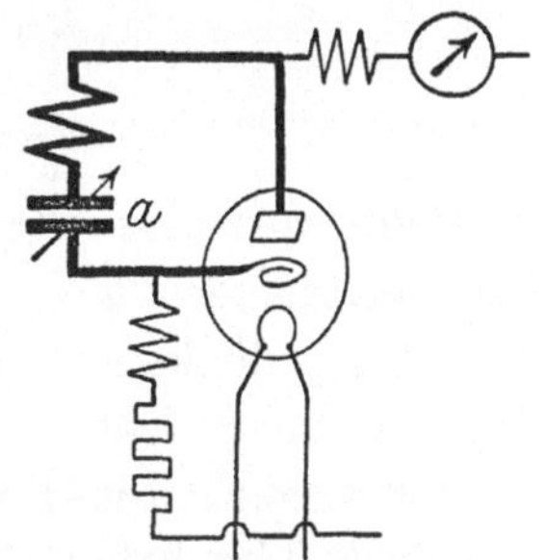

Abb. 81. Senderkreis für sehr kurze Wellenlängen zur Messung der Eigenkapazität einer Spule.

meter abgelesen werden kann bzw. mittels eines in den Anodenkreis eingeschalteten Telephons durch Knackgeräusch abgehört
werden kann. Man hat somit die Eigenschwingung der Spule
und, da man ihre Selbstinduktion nach Obigem kennt, auch
die Eigenkapazität bestimmt.

e) Messung der Dämpfung.

Um mit dem Wellenmesser Dämpfungsmessungen auszuführen,
ist es erforderlich, als Resonanzindikator einen sog. Wattzeiger
zu verwenden, d. h. ein Hitzdrahtinstrument, welches die Quadrate der Stromwerte praktisch mit genügender Genauigkeit angibt. Mindestens ebenso gut, wenn nicht noch besser, ist als Resonanzindikator ein Thermoelement mit einem Galvanometer; diese
Anordnung ist wesentlich empfindlicher.

Unter Dämpfung versteht man bekanntlich entsprechend dem
Diagramm von Abb. 82 das Verhältnis
einer Amplitude zur vorausgegangenen
größeren Amplitude, also beispielsweise
das Verhältnis von b zu a. Man bezeichnet den logarithmus naturalis
dieses Verhältnisses, also $ln\ b/a$ als das
logarithmische Dämpfungsdekrement
und kann mit einer für die Praxis
hinreichenden Genauigkeit nach ver-
schiedenen mathematischen Umwandlungen das Dekrement δ auch
wie folgt ausdrücken:

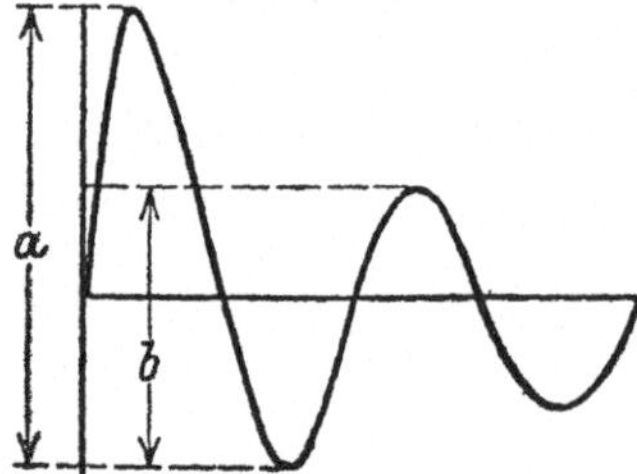

Abb. 82. Gedämpfter Schwingungsvorgang.

$$\delta = \frac{1}{0,591} \cdot \frac{\lambda^{\mathrm{m}},\ w^{\mathrm{Ohm}}}{L^{\mathrm{cm}}} .$$

Wenn man also oszillographisch den Schwingungsvorgang in
dem betreffenden zu messenden System aufnehmen würde, so
könnte man direkt aus dem Verhältnis der Amplituden das Dämpfungsdekrement feststellen.

Dies wäre ohne weiteres möglich für einen gedämpften Schwingungskreis, der beispielsweise mittels Funken zu Schwingungen
angestoßen würde. Für Empfangssysteme würde die Methode
nicht ohne weiteres anwendbar sein. Es kommt aber hinzu, daß
ein derartiger Oszillograph, der schnellen Schwingungen Folge
leisten kann, verhältnismäßig kostspielig ist.

Glücklicherweise gibt es wie gesagt ein sehr viel einfacheres Verfahren, um mit dem Wellenmesser die Dämpfung eines Systems zu finden.

Als Endprodukt einer längeren Ableitung hat Bjerknes den Ausdruck für das Dekrement festgestellt mit:

$$\mathfrak{d} = \pi \frac{C_2 - C_1}{C_r}.$$

Um also für ein System die Dämpfung festzustellen, hat man nur als Funktion der Wellenmesserkondensatorgrade die Quadrate der Ausschläge am Hitzdrahtwattzeiger aufzutragen(siehe Abb. 83). Dadurch, daß man in der Hälfte der Höhe die Kurve schneidet, gewinnt man die Kapazitäts- größen C_1 und C_2. Im Resonanzmaximum, also an derjenigen Stelle, an welcher die Mittelsenk- rechte zwischen C_1 und C_2 die Resonanzkurve schneidet, ergibt sich der Betrag C_r.

Nun stellt jedoch das auf diese Weise er- haltene Dämpfungsdekrement nicht nur das Dämpfungsdekrement des zu messenden Kreises dar, sondern ergibt die Summe der Dekremente des zu messenden Kreises und des Wellenmessers. Das Dekrement des Wellenmessers $\mathfrak{d}$ Wellenmesser ist also in Abzug zu bringen, um das Dekre- ment des zu messenden Kreises festzustellen.

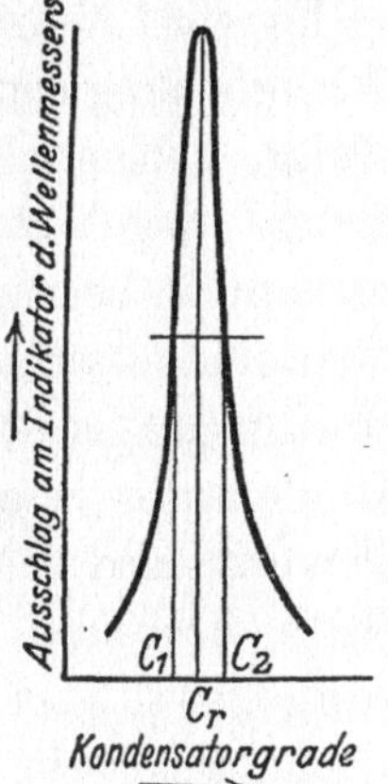

Abb. 83. Resonanz- kurve.

Im allgemeinen wird bei Lieferung eines Wellenmessers auch sein Dekrement mitgeteilt. Ist dieses nicht der Fall, so muß mittels ungedämpfter Schwingungen das Wellenmesserdekrement fest- gestellt werden. Es liegt bei guten Systemen gewöhnlich in der Größenordnung von etwa 0,009 bis 0,02.

f) Messung des Hochfrequenzwiderstandes.

Häufig tritt an den mit meßtechnischen Aufgaben Vertrauten die Anforderung heran, den Hochfrequenzwiderstand eines Kreises, einer Spule oder eines Kondensators zu bestimmmen. Insbesondere bei neuen auf den Markt kommenden Spulenkonstruktionen, aber auch bei manchen Kondensatoren wird von den Fabrikanten be- hauptet, daß die neu herausgebrachte Type wesentlich verlustfreier arbeitet, als irgendwelche anderen Ausführungen. Um eine solche Behauptung zu prüfen, geht man folgendermaßen vor.

Man verbindet das zu untersuchende Schaltungselement beispielsweise mit einem möglichst verlustfreien Kondensator, dessen Dämpfung man kennt oder rasch feststellen kann, zu einem Kreis und mißt nach dem unter e) mitgeteilten Verfahren das Dämpfungsdekrement. Sobald man dieses festgestellt hat, ergibt sich der Hochfrequenzwiderstand des zu messenden Kreises in Ohm aus der Formel:

$$w^{\mathrm{Ohm}} = 9{,}56\,\mathfrak{d}\,\sqrt{\frac{L^{\mathrm{cm}}}{C^{\mathrm{cm}}}}.$$

Es wird übrigens nicht in allen Fällen nötig sein, die ganze Untersuchung und Rechnung durchzuführen. Vielmehr genügt es häufig, namentlich, wenn man den Dämpfungsmeßkreis ein für allemal aufgebaut läßt, daß man den Ausschlag am Indikationsinstrument beim normal zusammengeschalteten Kreis vergleicht mit dem Ausschlag, der erzielt wird, wenn man aus dem normal zusammengeschalteten Kreis ein Element, beispielsweise einen Kondensator, herausnimmt und an dessen Stelle das zu messende Element, also den zu untersuchenden Kondensator einschaltet. Wenn die beiden Elemente in ihrer Dämpfung verschieden sind, so ergeben sich am Indikationsinstrument verschiedene Ausschläge, welche schon ein relatives Maß für die Dämpfungsunterschiede ergibt.

C. Messungen mit dem Resonanzsystem.

a) Messung der Dielektrizitätskonstante und des Frequenzfaktors nach der Resonanzmethode.

Die Dielektrizitätskonstante eines Isolators kann in einfachster Weise statisch, z. B. mittels der Kapazitätsmeßbrücke nach Wheatstone, entsprechend Abb. 31 und 73 ermittelt werden. Handelt es sich um einen flüssigen Isolator, so mißt man zunächst die Kapazität C_x in Luft, das andere Mal wird zwischen die Kondensatorplatten das zu untersuchende flüssige Dielektrikum gebracht. Es ergibt sich alsdann die Dielektrizitätskonstante direkt aus dem Verhältnis der in beiden Fällen gemessenen Kapazitäten.

Bei der Messung eines festen Dielektrikums kann man in ähnlicher Weise vorgehen, und es ist in diesem Falle am bequem-

sten, einen nur aus zwei Platten bestehenden Kondensator anzuwenden, dessen Plattengröße gleich dem zu untersuchenden
Material ist, und wobei dieses zwischen die beiden Platten ohne
Luftzwischenraum geklemmt wird.

Da jedoch einmal, wie schon bemerkt, die statische Kapazität
nicht uunerheblich von der Hochfrequenzkapazität abweicht, und
da außerdem bei vielen Stoffen eine Verschiedenheit der Dielektrizitätskonstante in Abhängigkeit von der Wellenlänge (Frequenzfaktor) eintritt, ist ein einfacheres Verfahren, entsprechend der
Anordnung von Abb. 84, vorzuziehen.

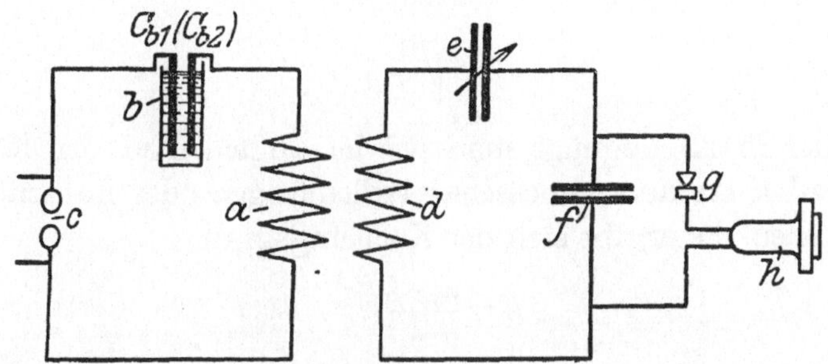

Abb. 84. Schaltungsanordnung zur Messung der Dielektrizitätskonstante und
des Frequenzfaktors.

Aus einem Zweiplattenkondensator b, einer Selbstinduktionsspule a und einer Entladestrecke c wird das Erregersystem gebildet. Dieses induziert auf den als geeichten Empfänger geschalteten Wellenmesser $d\,e\,f$, bei welchem z. B. von einem großen,
die Wellenlänge nicht beeinflussenden Festkondensator der Detektor g und das Telephon h abgezweigt sein können.

Es ergeben sich alsdann zwei verschiedene Resonanzstellungen;
die eine für den Kondensator b in Luft, die andere in dem zu untersuchenden flüssigen Dielektrikum, und man erhält die Dielektrizitätskonstante aus dem Ausdruck:

$$\varepsilon = \left(\frac{\lambda_2}{\lambda_1}\right)^2 = \frac{C_{b2}}{C_{b1}}\,.$$

Mittels dieser Methode kann man in einfachster Weise auch
die Abhängigkeit des zu untersuchenden Dielektrikums von der
Wellenlänge feststellen, indem man z. B. die nach der statischen
Methode gefundene Kapazität dividiert. Man erhält auf diese
Weise den Frequenzfaktor.

b) Messung des Kopplungskoeffizienten (Kopplungsgrades).

Sobald auf Grund der obigen Messungen der wechselseitige Selbstinduktionskoeffizient der Spulen bekannt ist und mittels einer der vorstehenden Methoden die Selbstinduktionskoeffizienten der Spulen festgestellt wurden, folgt der Kopplungskoeffizient aus:

$$k = \sqrt{\frac{L_{21} \cdot L_{12}}{L_1 \cdot L_2}} = \frac{L_{12}}{\sqrt{L_1 \cdot L_2}}\,.$$

Ist die Selbstinduktion den beiden Systemen gemeinsam, so erhält man den vereinfachten Ausdruck:

$$k = \sqrt{\frac{C_2}{C_1}}\,.$$

In der Praxis begnügt man sich im allgemeinen, den Kopplungsgrad K aus den gemessenen Wellenlängen oder Kapazitäten festzustellen. Es ergibt sich der Kopplungsgrad:

$$k = \frac{\lambda_2 - \lambda_1}{\lambda}\,.$$

Hierin ist λ die Grundschwingung, λ_2 die tiefere, λ_1 die höhere der beiden sich ausbildenden Kopplungsschwingungen. Um diese zu erhalten, hat man den Wellenmesser möglichst lose mit einem der beiden Systeme, deren Kopplungsgrad gemessen werden soll, zu koppeln und hat alsdann sowohl die beiden Kopplungsschwingungen nach erfolgter Kopplung als auch die Eigenwellenlänge des ungekoppelten Systems zu bestimmen und die so erzielten Werte in die obige Formel einzutragen.

Sofern man nicht die Wellenlängen mit dem Wellenmesser bestimmt, sondern die Kapazitäten abliest, ergibt sich:

$$k = \frac{C_2 - C_1}{C_2 + C_1} \cdot 100\% = \frac{1}{2}\frac{C_2 - C_1}{C} \cdot 100\%\,.$$

D. Eichungen.

Eichung eines geschlossenen Kreises in λ.

Die Eichung eines geschlossenen Schwingungskreises, welcher z. B. als Wellenmeßkreis dienen soll, ist von besonderem Interesse. Es soll infolgedessen nachstehend eine der wichtigsten Methoden zur Eichung derartiger Kreise behandelt werden. Zu berücksichtigen ist hierbei, daß bei den hohen Schwingungszahlen der

drahtlosen Telegraphie aus Gründen der Zweckmäßigkeit nicht
mit Periodenzahlen gerechnet wird, da diese zu groß sein würden,
sondern stets mit Wellenlängen, wobei zwischen der Wellenlänge, der
Periodenzahl und der Dauer einer Periode die Beziehung besteht:

$$\lambda = v \cdot T = v \cdot \frac{1}{\nu} = 3 \cdot 10^{10} \cdot \frac{1}{\nu} \,.$$

Die Eichung eines Meßkreises kann bewirkt, also die Wellenlänge ermittelt werden:

a) Mittels des Paralleldrahtsystems von Lecher.

Eine der ältesten und, wenn es sich nicht um sehr kleine Wellenlängen handelt, auch heute noch die beste Eichmethode zur Erzeugung von Wellen genau definierter Länge ist die Lechersche
Paralleldrahtanordnung (1890) (siehe auch Kap. I, S. 16ff.), welche

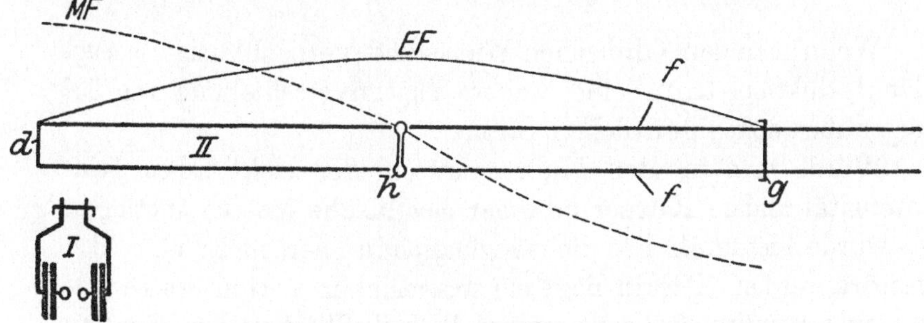

Abb. 85. Lechers Paralleldrahtanordnung nach J. Zenneck zur Eichung eines
Wellenmessers.

es auch zuerst ermöglicht hat, festzustellen, daß die Fortpflan-
zungsgeschwindigkeit elektromagnetischer Störungen in genauer
Übereinstimmung mit der Maxwellschen Theorie mit Lichtge-
schwindigkeit stattfindet.

Die Lechersche Paralleldrahtanordnung gibt in einer ge-
schickteren Anordnungsform für Eichzwecke von J. Zenneck
schematisch Abb. 85 wieder. Mittels einer Hochspannungsquelle
und einer Funkenstrecke werden in einem Primärsystem I elektro-
magnetische Schwingungen erzeugt, welche sich auf das System II
übertragen. g ist ein Metallreiter, welcher auf dem Paralleldrahtsystem f verschoben werden kann, h ist eine Heliumröhre, welche
sich stets in der Mitte zwischen d und g befinden soll. Der Abstand der Paralleldrähte voneinander muß gegenüber ihrer Länge
gering sein. Die Länge der Drähte richtet sich in der Hauptsache
nach der benutzten Wellenlänge, d. h. also, je größer die Frequenz,

um so geringer kann die Drahtlänge gewählt werden. Nicht benutzte längere Drahtenden sind möglichst zu vermeiden.

Die Röhre h leuchtet bei Erregung des Systems I im allgemeinen nicht auf. Nur bei einer bestimmten Stellung des Metallreiters g leuchtet sie hell auf, nämlich dann, wenn das Paralleldrahtsystem auf das Erregesystem abgestimmt ist. Das alsdann auftretende Schwingungsbild bei der Grundschwingung für Strom- und Spannungsverteilung ist in der Abbildung eingetragen. In g und d sind also Spannungsknoten vorhanden, und die halbe Wellenlänge entspricht der Drahtlänge $f = dg$.

Der im Paralleldrahtsystem fließende Strom ist $J_0 = \sin(\omega t)$. Dann ist die in ihm induzierte EMK

$$E_p = -L \cdot \frac{dJ}{dt} = -L \cdot J_0 \cdot \omega \cdot \cos(\omega t) \, .$$

Wenn man den Ohmschen Widerstand vernachlässigt, erzeugt der Induktionsstrom eine weitere Phasenverschiebung von 90^0 gegenüber dem eigentlichen Strom.

Würde man in den Knotenpunkten der elektrischen Feldintensität andere Körper oder gar metallische Massen anbringen, so würde hierdurch das Schwingungsphänomen nicht wesentlich gestört werden. Hierin liegt ein wesentlicher Vorteil des Lechersystems, nämlich der der geringen Beeinflußbarkeit der Periodenzahl durch in nicht zu großer Nähe befindliche Leiter. Selbst ein zweiter Metallreiter, der in der Nähe des Reiters g angebracht werden würde, wäre nicht imstande, eine merkliche Beeinflussung des Schwingungsverlaufes und der Periodenzahl hervorzurufen. Auch macht es wenigstens bei kleinen Wellenlängen nicht viel aus, wenn die Paralleldrähte entweder um 90^0 abgebogen und parallel weitergeführt werden. Mit Bezug auf die räumliche Anordnung stellt diese Unempfindlichkeit einen erheblichen Vorteil dar.

b) Mittels eines Normalwellenmessers.

Die beste und zuverlässigste Eichung kann der Amateur naturgemäß dann bewirken, wenn ihm ein Normalwellenmesser etwa leihweise zur Verfügung steht. Unter Benutzung eines Lichtbogengenerators, den er sich für Meßzwecke bei einiger Geschicklichkeit gut selbst herstellen kann, ist der Aufbau etwa folgender, gemäß Abb. 86. Hierin sei $a\,b\,c$ der geeichte Wellenmesser, $d\,e\,f$

der zu eichende Wellenmesser. Die Periodenzahl des Erregerkreises kann verändert werden und wird für jede Wellenlänge mittels des geeichten Wellenmessers $a\,b\,c$ festgestellt.

Bezeichnet man mit λ_b die bekannte Wellenlänge des geeichten Wellenmessers, mit λ_x die Wellenlänge des zu eichenden Wellenmessers, so ergibt sich für alle Wellenlängen:

$$\lambda_x = \lambda_b \,.$$

c) Mittels Empfangs von einer Senderstation, deren Wellenlänge bekannt ist.

Am einfachsten und im allgemeinen auch von hinreichender Genauigkeit ist die Eichung durch Empfang eines Senders, dessen Wellenlänge

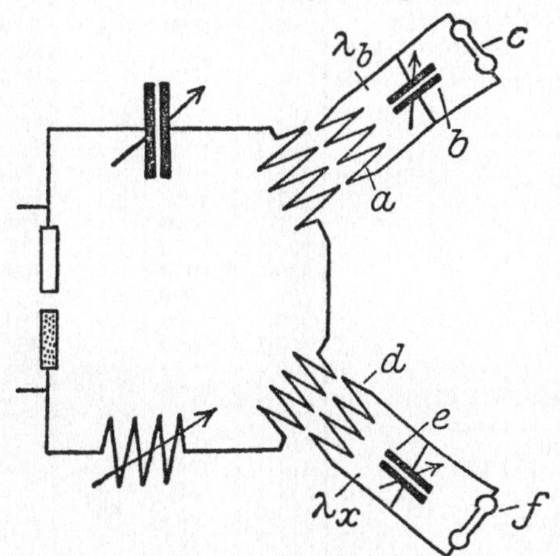

Abb. 86. Eichung eines Wellenmessers mittels eines Normalwellenmessers.

man genau kennt. Das nachstehende Senderprogramm zeigt die wichtigsten Senderwellenlängen und Zeiten vom Juli 1927.

Sender	Well.-Länge	Schwing. pro Sek. × 1000	Kilowatt	Sender	Well.-Länge	Schwing. pro Sek. × 1000	Kilowatt
Radio-Béziers	158	1900	0,6	Kiel	254,2	1180	1,5
Karlskrona	196	1530	1	Turin	258,6	1160	1
Biarritz Côte d'Argent	200	1500	1,5	Toulouse (PTT)	260	1153	2
Jönköping . . . SMZD	201,3	1400	1,5	Malmö . . . . SASC	260,9	1150	1
Kristinehamn	202,7	1480	1,5	Bloemendaal	265	1132	1
Gävle	204,1	1470	1,5	Lille	265	1132	1
Minsk	206,9	1450	1	Lissabon	267,8	1120	1,5
Kiew	211,3	1420	1	Straßburg . . . 8 GF	268	1120	0,3
Halmstad	215,8	1390	0,5	Lemberg	270,3	1110	1,5
Karlstad	220,6	1360	1,5	Bremen	272,7	1100	1,5
Leningrad	223,9	1340	10	Danzig	272,7	1100	1,5
Belgrad	225,6	1330	1	Genua	272,7	1100	1,5
Helsingborg	229	1310	1	Kassel	272,7	1100	1,5
Umea	229	1310	1,5	Klagenfurt	272,7	1100	1,2
Juan-les-Pins	230	1310	0,5	Madrid III	272,7	1100	1
Boras	230,8	1300	1,5	Sheffield . . . . 6 FL	272,7	1100	0,2
Wilna	234,4	1280	1,5	Bordeaux-Lafayette	273	1100	2
Bukarest	235,2	1275	2	Angora	275,2	1090	0,75
Örebro	236,2	1270	1,5	Dresden	275,2	1090	0,7
Stettin	236,2	1270	1,5	Norrköping	275,2	1090	1,5
Südost-Bordeaux	238	1260	1,5	Nottingham . . 5 NG	275,2	1090	0,2
Münster	241,9	1240	3	Caën	277,5	1080	0,7
Eskilstuna	250	1200	1,5	Trollhättan	277,8	1080	1,5
Gleiwitz	250	1200	1,5	Leeds-Bradford	277,8	1080	0,25
Linz	251,2	1194	1	Salzburg	277,8	1080	1,5
Ostende	252,1	1190	1,5	Sevilla II	277,8	1080	1,5
Säffle	252,1	1190	1,5	Radio Anjou	279	1075	1,5
Montpellier	252,2	1190	1,25	Rennes	279	1075	1,5
Kalmar	254,2	1180	1,5	Köln	283	1060	4

Sender	Well.-Länge	Schwing. pro Sek. ×1000	Kilowatt
Edinburg ... 2 EH	288,5	1040	1,5
Radio Lyon	291,3	1030	1,5
Dundee .... 2 DE	294,1	1020	0,25
Hull........	294,1	1020	0,2
Stoke on Tr .. 6 ST	294,1	1020	0,2
Swansea.... 5 SX	294,1	1020	0,2
Bilbao........	294,1	1020	0,7
Innsbruck......	294,1	1020	1,2
Uddevalla......	294,1	1020	1,5
Cartagena .. EAJ 16	297	1010	1,5
Hannover.....	297	1010	1,85
Liverpool ... 6 LV	297	1010	0,2
Varberg.......	297	1010	0,5
Preßburg.....	300	1010	0,5
Radio Vitus.....	302	993	2
Nürnberg......	303	990	9
Belfast .... 2 BE	306,1	980	1,5
S.-O.-Casablanca ...	306,4	979	2,5
Marseille (PTT)....	309,3	970	1,5
Agram (Zagreb)....	310	968	1,25
Agen	310	968	0,25
Algier (PTT).....	311	965	2,5
Newcastle ... 5 NO	312	960	1,5
Pittsburg......	315,6	950	60
Mailand ....1 MI	315,8	950	7
Dublin..... 2 RN	319,1	940	1,5
Schenectady.....	319,5	940	100
Limoges......	320	938	1
Bournemouth.. 6 BM	322,6	930	1,5
Breslau.......	326,1	920	1,5
Königsberg......	329,7	910	4
Neapel..... 1 NA	333,8	900	1,5
Kopenhagen.....	337	890	4
Petit Parisien, Paris..	340,9	880	1
Posen........	344,8	870	4
Barcelona I ..EAJ 1	344,8	870	1,5
Cadiz ....EAJ 3	344,8	870	0,5
Sevilla.... EAJ 17	344,8	870	1
Rabat (PTT).....	345	860	15
Prag	348,9	860	20
Radio Lucien Levy ..	350	860	1
Cardiff..... 5 WA	353	850	1,5
Sevilla.... EAJ 5	357	840	1
Falun	357	840	1,5
Graz	357,1	840	1,2
London .... 2 LO	361,4	830	3
Leipzig	365,8	820	9
Bergen	370,4	810	0,5
Madrid I.... EAJ 7	375	800	1,5
Helsingfors.......	375	800	1,2
Stuttgart	379,7	790	7
Manchester... 2 ZY	384,6	780	1,5
Radio Toulouse....	392	765	5
Hamburg	394	760	9
Aachen	400	750	1,5
Aalesund.......	400	750	0,5
Cork	400	750	1,5
Mont de Marsan ...	400	750	1,5
Plymouth	400	750	0,2
Salamanca.. EAJ 22	402,5	745	1,5
Glasgow .....5 SC	405,4	740	1,5
Reval	408	735	2,2
Bern	411	730	5
Göteborg ... SASB	416,7	720	1
Bilbao.... EAJ 11	420	715	1
Kattowitz......	422	711	10

Sender	Well.-Länge	Schwing. pro Sek. ×1000	Kilowatt
Frankfurt	428,6	700	10
Frederiksstad.....	434,8	690	1
Brünn..... OKB	441,2	680	3
Rjukan	448	669	
Moskau	450	667	2
Rom .... 1 RO	450	667	3
Stockholm ... SASA	454,5	660	1,5
Wladiwostok	456	658	1,5
Paris, Tel.-Schule ES1	458	655	0,8
Barcelona (C.) EAJ 13	460	653	1,5
Oslo.........	461,5	650	1,5
Langenberg	468,8	640	60
Charkow.......	477	630	4
Lyon (PTT)	480	625	5
Berlin........	483,5	620	9
Daventry Experiment..	491,8	610	30
Aberdeen ... 2 BD	500	600	1,5
Bourges	500	600	0,35
Linköping	500	600	1,5
Porsgrund	500	600	1,5
Uppsala	500	600	1,5
Brüssel	508,5	589	1,5
Krasnodar	513	584	1
Wien (Rosenhügel) ..	517,2	580	28
Riga	526,1	570	2
München.......	535,7	560	9
Dnjepropetrowsk ...	540	556	1
Krakau	545	551	1,5
Sundsvall ... SASD	545,6	550	1
Mailand-Vigentina ...	549	546	7
Budapest	555,6	540	4,5
Augsburg	566	530	1,5
Hamar	566	530	1
Serajewo.	566	530	1
Freiburg.......	577	520	1,2
Madrid II	577	520	1
Wien (Stubenring) ..	577	520	1,2
Zürich........	588	510	1
Grenoble.......	588,2	510	0,7
Stawropol	655	458	1,2
Moskau	675	445	1
Petrosawodsk.....	675	445	2
Lausanne	680	441	1,5
Twer	695	432	1,2
Astrachan	700	429	1
Wologda.......	700	429	1,2
Baku	750	400	1,2
Kursk........	750	400	1
Genf	760	394	1,5
Artemowsk......	775	387	1,2
Taschkent	800	375	2
Armavir	810	371	1
Kiew	820	366	1
Rostow (Don)	820	366	4
Chabarowsk	860	349	0
Tiflis	870	345	4
Gomel........	925	324	1,2
Eriwan	950	316	1,2
Minsk	950	316	12
Woronesch	950	316	1,2
Leningrad	1000	300	10
Odessa.......	1000	300	1,2
Welikij-Ustjug	1010	297	1,2
Nishnij-Nowgorod...	1050	286	1,5
Hilversum	1060	283	5
Basel	1100	273	1,5

Sender	Well.-Länge	Schwing. pro Sek. × 1000	Kilo-watt	Sender	Well.-Länge	Schwing. pro Sek. × 1000	Kilo-watt
Warschau	1111	270	10	Moskau (Komintern)	1450	207	12
Nowo-Sibirsk.	1117	269	4	Daventry . . . 5 XX	1604	187	25
Kalundberg	1153	260	7	Charkow (Narkomp.) .	1700	176	1,5
Boden.	1200	250	1	Radio-Paris . . . CFR	1750	171	12
Konstantinopel. . . .	1200	250	5	Radio-Carthage. . . .	1800	166	2
Königswusterhausen [1] .	1250	240	18	Huizen	1950	151,2	7
Motala.	1320	227	30	Kowno	2000	150	7
Moskau	1350	222	2,5	Lyngby	2400	125	1,5
Karlsborg	1376	218	10	Eiffelturm	2650	113	50

E. Antennenmessungen.

a) Messung der Grundschwingung (Wellenlänge) einer Antenne.

1. Ungefähre Messung. In die Antenne m (siehe Abb. 87) seien die Abstimmittel n, die im normalen Betrieb benutzt werden, eingeschaltet. Um die Empfangswellenlänge bei nicht vorhandenen Sender-erregerkreise zu messen, kann man z. B. so vorgehen, daß die in die Antenne eingeschaltete Spule n durch eine Stromquelle o Stromstöße erhält, welche durch einen Unterbrecher p, der tun-

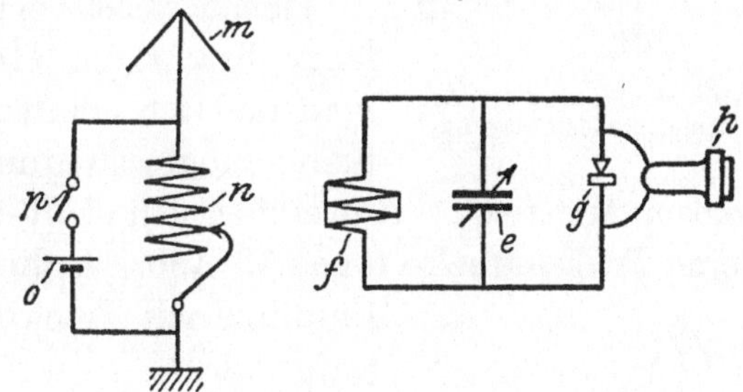

Abb. 87. Messung der Wellenlänge einer Antenne (Empfangsantenne).

lichst im musikalischen Bereich arbeitet, erregt wird. Alsdann schwingt die Antenne in ihrer Betriebswellenlänge, welche an dem Wellenmesser $e\,f\,g\,h$ abgelesen werden kann.

2. Genauere Meßmethoden. Vielleicht etwas genauere Meßwerte kann man dadurch erhalten, daß man den Summerkreis nicht direkt an die in die Antenne eingeschalteten Abstimmittel anlegt, sondern vielmehr mit dem Summerkreis die Antenne induktiv in nicht zu fester Kopplung erregt. Wenn man alsdann von der so erregten Antenne lose auf den mit einem empfindlichen Detektor verbundenen geeichten Empfangskreis koppelt, so kann man die Antennenwellenlänge meist verhältnismäßig recht genau bestimmen.

---

[1] Im übrigen sendet die Deutsche Reichspost von Königswusterhausen am 10. 11. und 12. jedes Monats (falls einer dieser Tage auf einen Sonntag fällt, verschiebt sich die Sendung um einen Tag) Morsezeichen bei normalen Wellen von 200 m bis 3000 m. Es läßt sich hiermit die Eichung sehr genau und gut durchführen.

Will man die Grundschwingung der Antenne feststellen, so muß man die Abstimmittel ausschalten (Kurzschließen der Abstimmittel genügt nicht immer!) und die Messung für die Antenne ohne Abstimmittel durchführen. Man erhält alsdann die Grundschwingung der Antenne.

Eine andere Meßschaltung, um die Antennengrundschwingung zu bestimmen, ist in Abb. 88 dargestellt. Hier ist die Antenne bei b unterbrochen, und es ist an dieser Stelle der Summerkreis angeschaltet. Von einer kleinen in die Antenne eingeschalteten Spule c — meist genügt eine bis zwei Windungen — wird auf den geeichten Meßkreis $d\,e$ induziert.

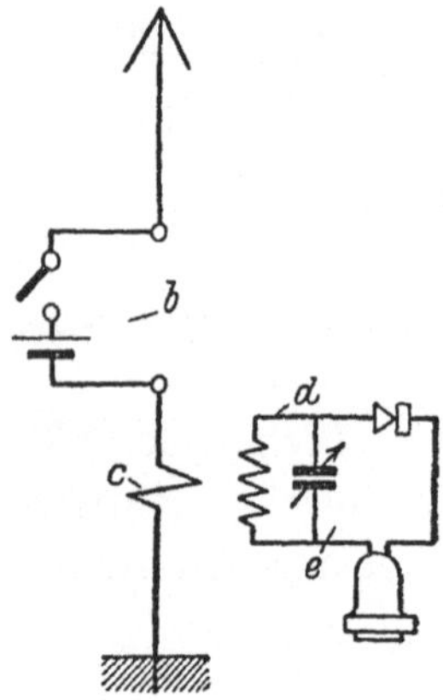

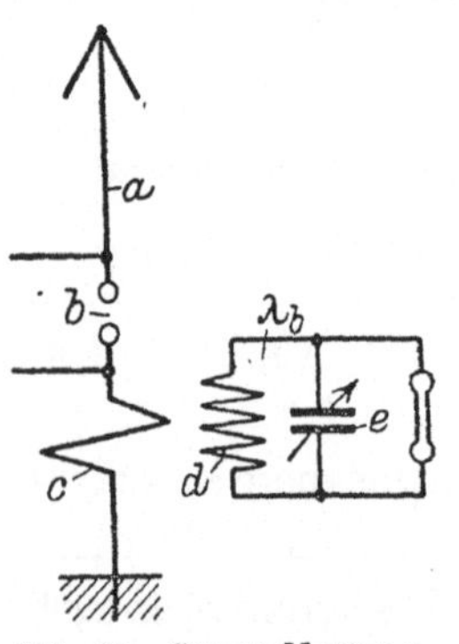

Abb. 88. Messung der Antennengrundschwingung.

Genauere Meßwerte der Antennenwellenlänge bzw. deren Grundschwingung kann man dadurch erhalten, daß man die Antenne mit Hochfrequenzschwingung irgendwelcher Art erregt. Am einfachsten dient zu diesem Zweck eine kleine Funkenstrecke b gemäß Abb. 89, die durch einen kleinen Induktor mit Trockenelementspeisung betätigt wird.

Im übrigen entspricht die Schaltung im wesentlichen den obenstehenden. Die Hochfrequenzschwingungen werden gewöhnlich so kräftig sein, daß als Resonanzindikator des Meßkreises eine Heliumröhre oder dergl. verwendet werden kann.

Bei den Empfängern der Praxis, bei denen im allgemeinen meist ein Sekundärkreis vorhanden ist, mit welchem der Detektor gekoppelt werden kann, ist eine

Abb. 89. Genaue Messung der Grundschwingung einer Antenne.

einfachere Möglichkeit der Antenneneichung gegeben, indem man den Sekundärkreis in Wellenlängen eicht (siehe unten) und entweder den Sekundärkreis mittels eines Summers anstößt, wobei man mit der Antenne die Kombination Detektor-Telephon verbinden muß, oder aber indem man mit der Antenne gekoppelt einen Summer verwendet und die größte Lautstärke an dem im Sekundärkreis verbundenen Detektor-Telephon feststellt.

Die hierbei häufig auftretenden Nachteile der direkten Induktionen vom Summer auf den Sekundärkreis, von Oberschwingungen bei Röhrenempfängern, insbesondere solchen zum Schwebungsempfang usw. kann man dadurch vermeiden, daß man entweder auf die Antenne mittels eines besonderen Summerkreises induziert, oder aber indem, wenn der Summer in der Antenne liegt, mit einem Tertiärsystem empfangen wird, um direkte Niederfrequenzinduktionen auszuschließen.

Es ist zu beachten, daß es für exakte Messungen keineswegs gleichgültig ist, an welcher Stelle der Antenne die Kapazitäts- und Selbstinduktionsmessung stattfindet. Die Strom- und Spannungsamplitude wird in der Erdleitung im allgemeinen eine andere sein als zwischen den Verlängerungsmitteln und der Antenne selbst. Ferner ist zu beachten, daß die Strom- und Spannungsverteilung und somit auch die Antennenkapazität und Selbstinduktion ihrerseits von der Wellenlänge abhängig sind. Um daher eine Einheitlichkeit und Vergleichsmöglichkeit zu schaffen, sollte man, soweit dies irgend angängig ist, stets mit einer in die Erdleitung geschalteten Kopplungsschleife, entsprechend Abb. 89, arbeiten.

Bei der Messung der Wellenlänge eines Luftleitergebildes werden die Fehler, insbesondere auch die durch zur Messung einzuschaltende Selbstinduktion, um so größer, je kleiner die tatsächliche Selbstinduktion des Luftleitergebildes ist. Dies

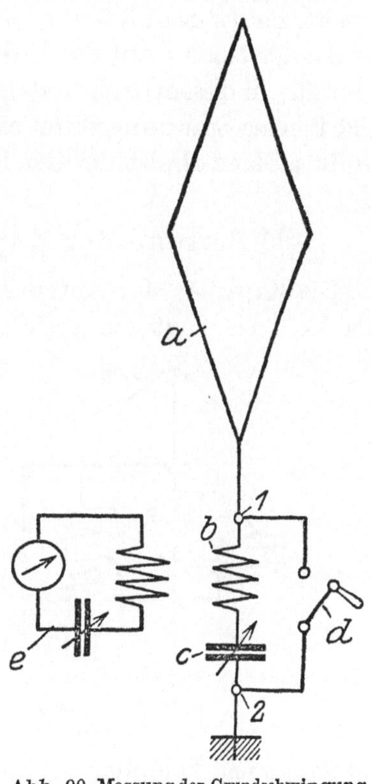

Abb. 90. Messung der Grundschwingung einer Antenne nach der Absorptionsmethode.

tritt also schon in Erscheinung bei Schirmantennen, namentlich bei solchen, welche eine reusenförmige Energiezuleitung zur Antenne besitzen, besonders aber ist dieses bemerkenswert bei Doppelkonusantennen, bei denen die Eigenselbstinduktion sehr gering ist.

Bei dem in Abb. 90 dargestellten Verfahren (Absorptionsmethode) kann nicht nur die Eigenschwingung des Luftleitergebildes genauestens bestimmt werden, sondern es ist auch diese Messung in kürzester Zeit ausführbar.

Wenn a das zu messende Luftleitergebilde ist, so wird zur Messung in die Erdung desselben eine Selbstinduktionsspule b und ein veränderlicher Kondensator c eingeschaltet. Parallel zu zu diesen liegt ein Schalter d. e ist ein Meßkreis, z. B. ein Wellenmesser.

Es wird nun $b\,c$ so lange verändert, bis es nichts mehr ausmacht, ob der Schalter d geöffnet oder geschlossen ist. Alsdann ist das System $b\,c$ auf die Eigenschwingungen der Antenne abgestimmt. In diesem Fall besteht nämlich zwischen den Punkten 1 und 2 keine Spannungsdifferenz. Die Ablesung am Wellenmesser ergibt alsdann direkt die Grundschwingung.

b) Messung der Kapazität einer Antenne.

Die Kapazität der Antenne m wird gemäß Abb. 91 gemessen. Als Meßkreis dient ein geeichter Resonanzkreis $e\,f$ mit Kristall-

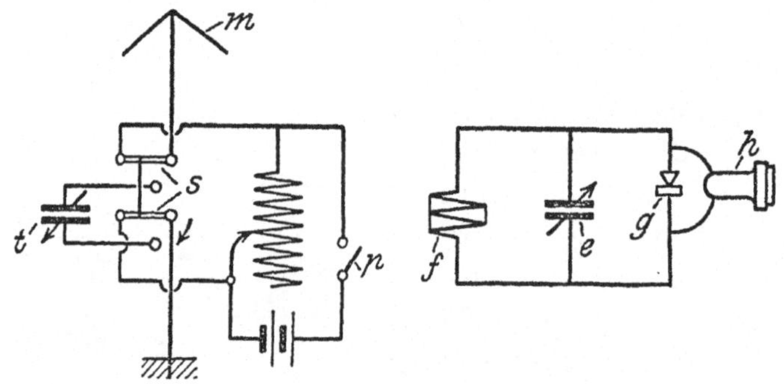

Abb. 91. Messung der Kapazität einer Antenne.

detektor g und Telephon h. Der Schalter s wird in die gezeichnete Stellung gebracht, der Summer p wird betätigt und die erzielte Wellenlänge wird am Wellenmeßkreis abgelesen. Darauf wird der Schalter s auf die unteren Kontakte geschaltet und der Kondensator t wird so lange variiert, bis wiederum das Maximum des Geräusches im Wellenmeßkreis erzielt wird. Wenn man den Kondensator benutzt hat, so kann man die statische Antennenkapazität direkt an der Skala des Kondensators ablesen.

c) Messung der Selbstinduktion einer Antenne.

Um verhältnismäßig genau die Selbstinduktion L_a einer Antenne festzustellen, mißt man zunächst die Grundschwingung der Antenne, die mit λ Grundschwingung bezeichnet sei.

Alsdann schaltet man in die Antenne ein Selbstinduktionsspule L_{sp} ein in der Größenrodnung von etwa 50 000 cm, und mißt, welche Wellenverlängerung λ verlängert hierdurch stattgefunden hat. Es ergibt sich also für die verlängerte Welle der Ausdruck:

$$\lambda_1 = 2\,\pi\,\sqrt{C_a\,(L_a + L_{sp})}$$

und man kann nach einigen Umrechnungen ohne weiteres für die gesuchte Selbstinduktion der Antenne bei Grundschwingung die Formel finden:

$$L_a = \frac{L_{sp}}{\left(\dfrac{\lambda_1}{\lambda}\right)^2 - 1}.$$

d) Feststellung des Indifferenzpunktes.

Der Indifferenzpunkt, welcher im allgemeinen mit dem Strombauch bzw. Spannungsknotenpunkt identisch ist, kann bei Senderantennen in den meisten Fällen in einfachster Weise festgestellt werden.

Im allgemeinen genügt es hierzu, wenn man mit einem einseitig geerdeten Funkenmikrometer, also einer kleinen Funkenstrecke, deren Abstand genau einregulierbar und auf Bruchteile eines Millimeters exakt ablesbar ist, oder einer luftverdünnten Röhre längs der

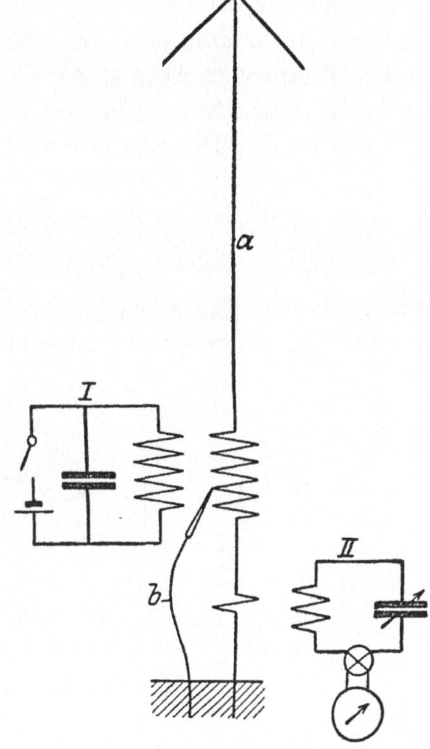

Abb. 92. Schaltung zur Feststellung des Indifferenzpunktes einer Antenne.

Antenne bzw. deren Abstimmitteln entlangfährt, und denjenigen Punkt feststellt, in welchem die geringste Wirkung im Funkenmikrometer bzw. in der luftverdünnten Röhre eintritt. Dieser Punkt, welcher meist scharf hervortritt, ist der Indifferenzpunkt.

Wenn es sich darum handelt, bei einer Empfangsantenne den Indifferenzpunkt festzustellen, so kann man entsprechend Abb. 90 vorgehen. *a* sei eine geerdete Empfangsantenne. Diese möge erstens mittels eines mit Unterbrecher arbeitenden, schwach gedämpften Schwebungsstoßsenders *I* erregt werden. Außerdem ist die Antenne mit einem Wellenmesser *II* mit Thermoelement und Galvanometer oder auch mit Detektor und Telephon gekoppelt. Wenn man nun längs der Antenne bzw. der eingeschalteten Abstimmittel mittels eines geerdeten, möglichst widerstandslosen Leiters *b* entlang fährt und mit den Metallteilen der Antenne oder deren Abstimmitteln Kontakt macht, so wird der Ausschlag des Indikationsinstrumentes des Wellenmessers gegen vorher mehr oder weniger kleiner sein. Nur wenn *b* gerade den Indifferenzpunkt des gesamten Antennengebildes berührt, wird der Ausschlag des Indikationsinstrumentes am Wellenmesser bzw. das Geräusch im Telephon dasselbe sein, wie wenn *b* nicht Kontakt macht.

e) Messung des Antennenwiderstandes.

Zweckmäßig wird ein kleiner funkenerregter Schwingungskreis *i k l* (Abb. 93), besser natürlich ein kleiner Röhrensenderkreis benutzt. Dieser erregt den Antennenkreis *m n*, in welchem außer

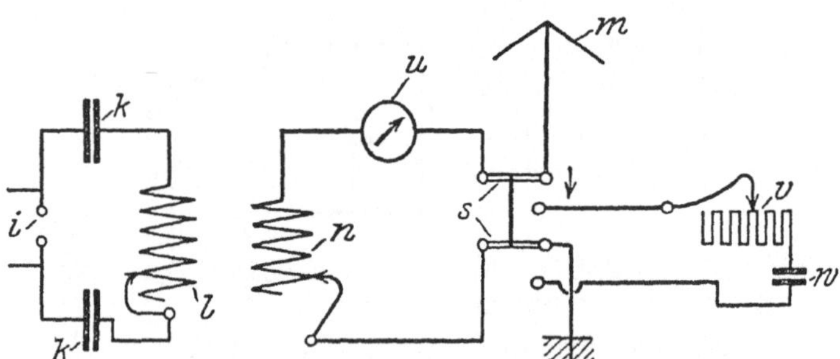

Abb. 93. Messung des Antennenwiderstandes.

dem Schalter *s* noch ein Hitzdrahtinstrument *u* eingeschaltet ist. Zunächst wird der Schalter *s* in die gezeichnete Lage gebracht und nach Erregung des Schwingungskreises *i k l* der Ausschlag im Hitzdrahtinstrument *u* beobachtet. Nun wird der Schalter *s* auf die unteren Kontakte gestellt und ein Ohmscher Widerstand *v*, welcher mit einem Blockkondensator in Serie geschaltet ist, so lange variiert, bis derselbe Ausschlag im Hitzdrahtinstrument vorhanden ist. Der Antennenwiderstand entspricht alsdann ungefähr dem am Regulierwiderstand v abgelesenen Widerstandsbetrag.

f) Dämpfungsmessung eines Luftleiters.

1. Mittels der Resonanzmethode. Wenn eine Stoßentladestrecke oder ein Generator für ungedämpfte Schwingungen direkt in die Antenne eingeschaltet sind, kann man den Luftleiter gleichsam als Oszillator ansehen und die Dämpfung direkt nach der Bjerknesschen Formel, wie bei einem geschlossenen Oszillator, bestimmen.

Ist also die Dämpfung der Antenne, einschließlich ihrer Verlängerungs- und Abstimmittel $\mathfrak{d}_{ges}$ und ist die Dämpfung des Meßsystems $\mathfrak{d}_2$ bekannt oder auf Grund einer der angegebenen Methoden bestimmt, so folgt die Dämpfung des Luftleiters aus:

$$\mathfrak{d}_{ges} + \mathfrak{d}_2 = \pi \cdot \frac{\lambda_2 - \lambda_1}{\lambda_1} \, .$$

Um also das gesuchte $\mathfrak{d}_{ges}$ festzustellen, muß man die Dämpfung des Meßsystems $\mathfrak{d}_2$ feststel-

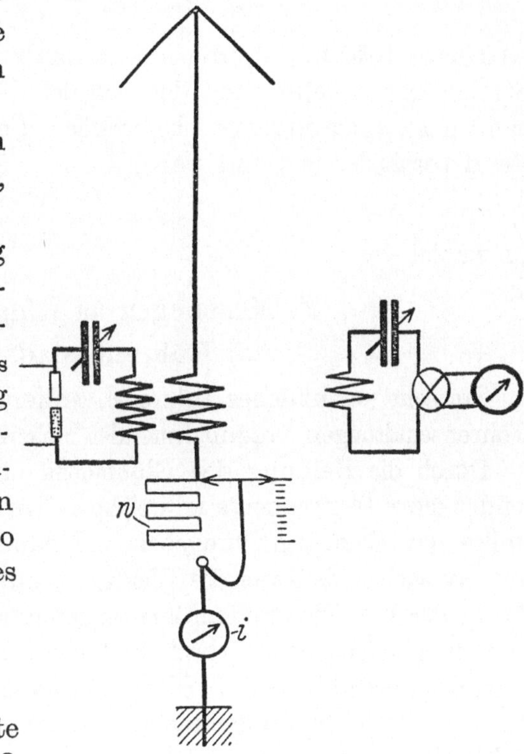

Abb. 94. Schaltung zur Messung der Dämpfung einer Antenne mittels in der Antenne eingeschalteten Widerstandes.

len oder schätzen — meist ist sie ca. 0,02 — und darauf kann man durch Subtraktion aus dem gefundenen Wert direkt $\mathfrak{d}_{ges}$ finden.

2. Mittels in die Antenne eingeschalteten Widerstandes. Erregt man die Antenne mit ungedämpften Schwingungen, entsprechend Abb. 94, und schaltet in den Indifferenzpunkt der Antenne, d. h. in denjenigen Punkt, in welchem die Spannung der Antenne Null ist, einen selbstinduktions- und kapazitätsfreien

Widerstand w, welcher geeicht ist, und ein Hitzdrahtinstrument i ein, so wird durch diesen Widerstand die Dämpfung der Antenne vermehrt, entsprechend:

$$\varDelta\, \mathfrak{d}_{1\,\mathrm{ges}} = \frac{2}{3} \cdot 10^{-2} \cdot \frac{C\,w}{\lambda} = \frac{1}{150} \cdot \frac{C \cdot w}{\lambda}\,.$$

Hierin ist C die Antennenkapazität.

Es ergibt sich alsdann das Dämpfungsdekrement der Antenne zu

$$\mathfrak{d}_{\mathrm{ges}} = \varDelta\, \mathfrak{d}_{1\,\mathrm{ges}}\, \frac{J_2}{J_1 - J_2}\,.$$

Hierin bedeutet J_1 die am Hitzdrahtinstrument abgelesene Stromstärke, welche ohne den eingeschalteten Widerstand vorhanden ist, J_2 die Stromstärke, welche bei eingeschaltetem Widerstand vorhanden ist, und wobei

$$J_2 = \frac{J_1}{2}$$

zu wählen ist.

F. Messungen an Röhren.

a) Röhrenkreise.

Ein sehr wesentliches Interesse verdienen die an Röhren und Röhrenschaltungen vorzunehmenden Messungen.

Durch die Heizung des Glühfadens (Heizdrahtes, Kathode) sendet dieser Elektronen aus, welche in Form einer Raumladungswolke den Glühdraht umgeben und nach Möglichkeit zu verhindern suchen, daß weitere Elektronen austreten. Dadurch, daß die in der Drei-Elektrodenröhre vorgesehene Anode eine positive Spannung aufgedrückt erhält, findet indessen ein Elektronenflug nach der Anode hin statt. Dieser Elektronenflug wird durch die dritte in der Röhre angebrachte Elektrode nämlich die Gitterelektrode gesteuert, je nachdem, ob diese eine negative oder positive Aufladung erhält. Je stärker negativ sie aufgeladen wird, um so mehr wird der Elektronenflug aufgehalten bzw. gehindert; bei positiver Aufladung hingegen findet eine entsprechende Unterstützung der Elektronenemission statt.

Infolge dieser Vorgänge sind im wesentlichen drei Röhrenkreise, die für die Meßtechnik inbetracht kommen, zu unterscheiden, nämlich:

1. Der Heizstromkreis, in beistehender Abb. 95 besonders stark gekennzeichnet.

2. Der Anodenstromkreis, in beistehender Abb. 95 durch Strichpunktierung gekennzeichnet.

3. Der Gitterkreis, in beistehender Abb. 95 durch dünne Strichgebung angedeutet.

Die einfachsten Meßschaltungen an der Röhre, die beinahe für jeden Rundfunkteilnehmer in Betracht kommen, sind die Messung des Heizstromes J_K und die Messung des Anodenstromes J_F.

Die Messung des Heizstromes J_K wird entweder durch das in Abb. 96 angedeutete Amperemeter e bewirkt, oder aber, man kann auch, da der Widerstand des Glühdrahtes beim Glühen feststellbar ist (im

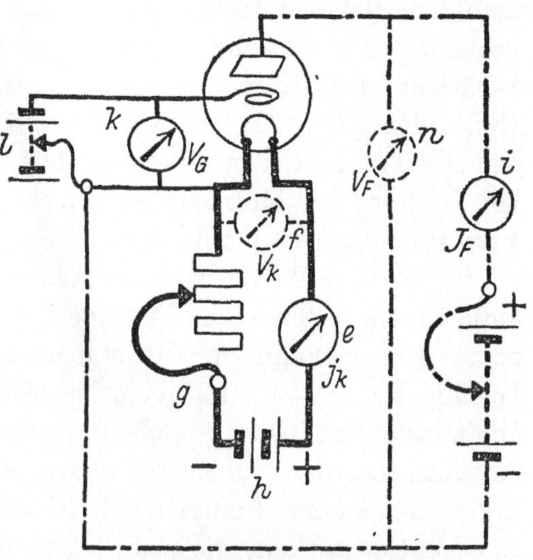

Abb. 95. Hauptsächliche Röhrenkreise und Meßinstrumente.

Glühzustand ist der Widerstand anders, als wenn der Glühdraht kalt ist), die an ihm liegende Spannung V_K mit dem in Abb. 95 punktiert eingezeichneten Voltmeter f messen und nach dem Ohmschen Gesetz den Heizstrom ausrechnen. Es ist für alle Röhrenuntersuchungen wichtig, nicht nur einwandsfreie Meßinstrumente zu benutzen, sondern auch einen genügend großen, betriebssicher funktionierenden Heizwiderstand g anzuwenden. Die Dimensionierung des Heizwiderstandes ergibt sich in einfacher Weise aus dem Ohmschen Gesetz. Wenn

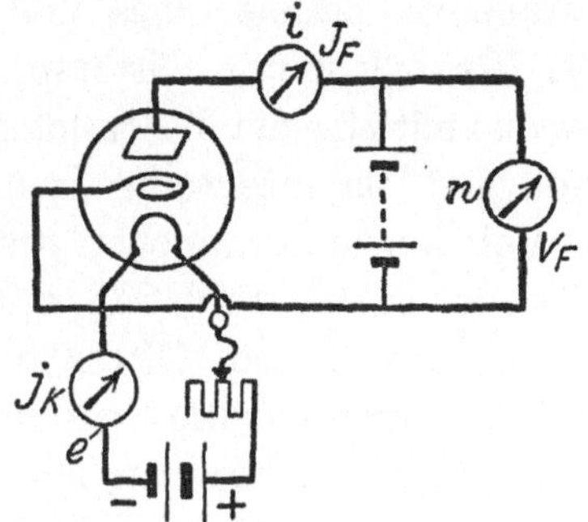

Abb. 96. Schaltung zur Aufnahme der Anodenstromcharakteristik.

beispielsweise die Spannung der Heizbatterie h 4 Volt hergibt und die zu untersuchende Röhre einen Heizstrom von 0,3 Ampere bei 1,8 Volt benötigt, so muß der Widerstand dimensioniert sein für eine Spannung von 4 Volt — 1,8 Volt = 2,2 Volt. Es ergibt sich also der Widerstand mit 2,2 Volt : 0,3 Ampere

$= 7{,}3$ Ohm. Um sicher zu gehen, macht man den Heizwiderstand etwa doppelt so groß als erforderlich, d. h. man gibt
ihm im vorliegenden Fall eine Größe von etwa 15 Ohm. Würde
man eine Röhre für kleineren Heizstrom bei der gleichen Heizbatterie verwendet haben, so müßte der Regulierwiderstand
natürlich entsprechend größer sein. Wesentlich ist es, daß der
Heizwiderstand insbesondere für meßtechnische Zwecke eine
genügend feine Unterteilung besitzt, so daß nach Möglichkeit
bei Drehung des Heizschalters von Windung zu Windung eine
Variation von etwa 1 Mikrovolt erfolgt.

In ähnlicher Weise wird der Anodenstrom J_F mit dem Milliamperemeter i gemessen. Der Anodenstrom wird an der Anodenbatterie m entnommen, die stufenweise unterteilte Spannungsbeträge bis zu etwa 150 Volt hinauf herzugeben gestatten soll.
Die meisten der bisher üblichen Empfängerröhren erzeugen einen
Anodenstrom, der kleiner als 10 m A ist.   Bei Verstärkerröhren,
Lautsprechern usw. kommen jedoch heute schon erheblich größere
Anodenstromstärken, die etwa bis zu 50 m A ausmachen können,
inbetracht. Außer der Messung des Anodenstroms kann die Messung
der Anodenspannung V_F von Interesse sein.   Hierzu dient ein Voltmeter n.

Schließlich kommt noch die Messung der Gitterspannung V_G
infrage, die mittels eines Voltmeters k festgestellt werden kann.
Die Herstellung der Gitterspannung kann insbesondere für Meßzwecke mittels einer besonderen Batterie 1 bewirkt werden, welche
genügend fein unterteilte Spannungsbeträge etwa von 0 Volt bis
30 Volt hinauf herzugeben gestattet. Man kann diese Batterie 1
entweder so schalten, daß der positive Pol oder aber auch, daß
der negative Pol am Gitter anliegt; auf diese Weise kann man je
nachdem, wie es für die Messung erforderlich ist, positive oder negative Spannungen herzustellen. Man kann übrigens auch, was für
manche Messungen vorteilhaft ist, die Gitterbatterie I durch einen
passenden Widerstand shunten und von diesem Shuntenwiderstand
in feiner Unterteilung die Gitterspannungsbeträge abzweigen.

Abgesehen von den nachstehend noch genauer aufgeführten
besonders wichtigen Meßanordnungen kann mit der geschilderten
Einrichtung auch u. a. rasch die Güte des Vakuums festgestellt
werden. Das Gitter wird gegenüber dem Glühdraht positiv einreguliert. Der sich ausbildende Elektronenstrom kann mittels

eines vor das Gitter geschalteten Milliamperemeters abgelesen werden. Der Anodenstrom (Ionenstrom) gibt direkt die Höhe des Vakuums, also den Entlüftungsgrad der Röhre an. Das Vakuum ist erreicht, wenn Stoßionisation nicht mehr nachgewiesen werden kann.

b) Aufnahme der Anodenstrom-Charakteristik.

In Abb. 96 ist noch einmal die Röhre mit dem für die Aufnahme der Anodenstromcharakteristik erforderlichen Meßinstrument dargestellt, und zwar ist dies das Milliamperemeter i zur Anzeigung des Anodenstromes J_F, das Voltmeter n zum Anzeigen der Anodenspannung V_F und das Amperemeter e, um während der Messung die Konstanz des Heizstromes J_K zu kontrollieren.

Man reguliert die Heizung des Glühdrahtes auf den für die zu untersuchende Röhre normalen Wert ein und variiert nun die Anodenspannung in allmählich wachsenden Beträgen. Man geht beispielsweise immer um 10 bis 20 Volt weiter und stellt fest, welche Anodenstrombeträge zu den einzelnen Anodenspannungen gehören. Von einer bestimmten Anodenspannung an bemerkt man, daß eine weitere Zunahme des Anodenstromes nicht mehr stattfindet. Man bezeichnet diese Stelle, an welcher eine weitere Änderung verbleibt, als Sättigungspunkt und

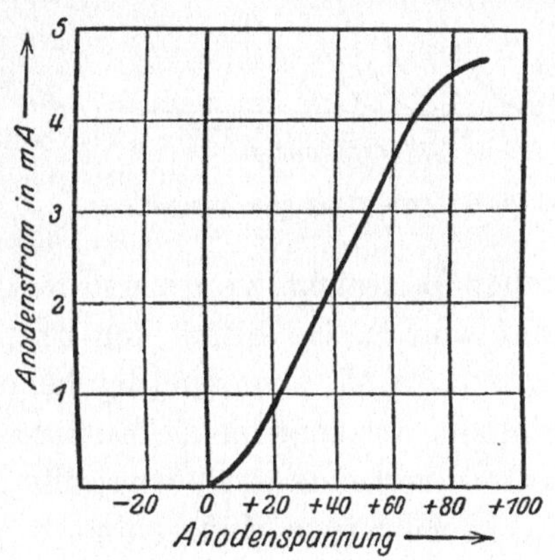

Abb. 97. Anodenstromcharakteristik.

die Spannung, bei welcher dies eintritt, als Sättigungsspannung bzw. Sättigungsstromstärke.

Die so erhaltenen Werte kann man entweder in Form einer Tabelle oder besser als Kurve auftragen. Man erhält auf diese Weise die Anodenstromcharakteristik, welche für eine bestimmte Röhre in Abb. 97 zum Ausdruck gebracht ist.

c) Aufnahme der Gitterspannungscharakteristik.

Im wesentlichen dienen hierbei dieselben Meßinstrumente wie die oben benutzten. — Indessen ist es erforderlich, um die Gitterspannung V_G festzustellen, noch einen Voltmeter k vorzusehen.

Die Gitterstromcharakteristiken einer Röhre unterscheiden sich wesentlich voneinander.

Für die Messung geht man am besten so vor, daß man zunächst die Gitterstromcharakteristik für eine Anodenspannung von 0 Volt aufnimmt, wobei natürlich wieder genau darauf zu achten ist, daß die Heizstromstärke der Röhre während der Messung absolut konstant gehalten wird. Die Kontrolle erfolgt auch hier wieder mit dem Amperemeter e bzw. Voltmeter f. Man erhält alsdann einen Kurvenzug, welcher in Abb. 98 durch die rechts wiedergegebene Kurve gekennzeichnet ist; alsdann wählt man beispielsweise eine Anodenspannung von 30 Volt und erhält hierfür einen Kurvenzug, den die weiter links abgebildete Kurve andeutet. Alsdann erhöht man die Anodenspannung auf 50 Volt, 70 Volt usw., wofür die entsprechenden Kurven aufgetragen sind. Man erhält also eine Schar von Gitterstromkennlinien.

Abb. 98. Gitterspannungscharakteristiken.

Die Aufnahme der Gitterstromcharakteristik ist in meßtechnischer Beziehung von verschiedenen Seiten geändert bzw. ergänzt worden. So hatte sich beispielsweise für die Widerstandsverstärkung als zweckmäßig herausgestellt, sog. Arbeitscharakteristiken aufzunehmen. Entsprechend den in Widerstandsverstärkern vorhandenen Verhältnissen wird in den Anodenkreis ein sehr hochohmiger Widerstand in der Größenordnung von etwa 1 Megohm eingeschaltet und hierauf die Gitterstromcharakteristik für eine bestimmte Anodenspannung aufgenommen. Man erhält alsdann einen Kurvenzug, der von den oben angegebenen Gitterstromcharakteristiken wesentlich vesrchieden sein wird. Die Messung ist nur auszuführen mit einem Milliamperemeter im Anodenkreis, welches sehr empfindlich ist und Beträge von unter 0,05 mA noch genau anzeigt.

d) Aufnahme der Gitterstromcharakteristik.

Für diese Untersuchung wird gemäß Abb. 99 ein Milliamperemeter k zur Messung der Gitterstromstärke J_G gebraucht, welches die Ablesung von $^1/_{100}$ mA gestattet, ferner ein Voltmeter o, an welchem die Gitterspannung V_G abgelesen werden kann.

Es werden nun die Gitterspannungen im positiven und negativen Bereich variiert und die zu jeder Stellung gehörenden Gitterstromwerte aufgetragen. Man erhält eine Kurve etwa Abb. 100 entsprechend. Aus dieser Kurve, welche einer normalen Empfängerröhre bzw. Verstärkerröhre entspricht, geht hervor, daß bei negativen Spannungswerten keine Gitterströme vorhanden sind. Es

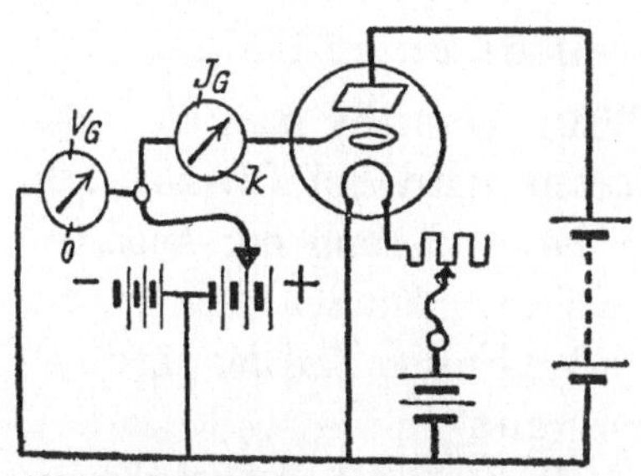

Abb. 99. Schaltung zur Aufnahme der Gitterstromcharakteristik.

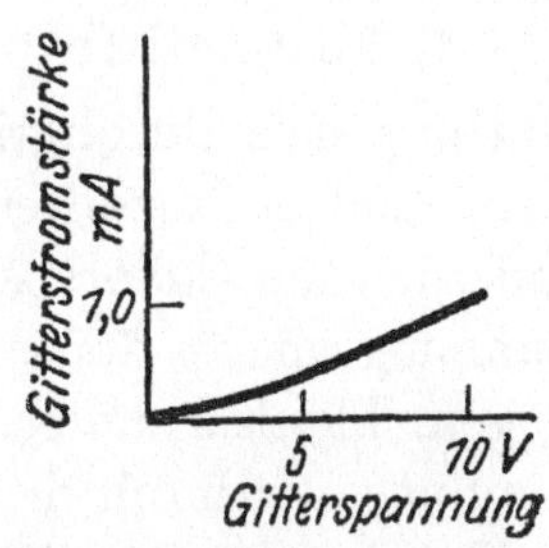

Abb. 100. Gitterstromcharakteristik.

gibt indessen auch Röhren, bei welchen bereits im negativen Gitterspannungsbereich Gitterströme auftreten. Diese sind indessen bis jetzt selten.

e) Feststellung der Steilheit einer Röhre.

Für die Beurteilung einer Röhre ist die Steilheit wesentlich. Man versteht unter der Steilheit der Anodenstromcharakteristik

das Verhältnis $\dfrac{dJ_F}{dV_G}$ (wobei $V_F = $ konstant ist).

Auf dieses kommt es besonders bei der Verstärkung an. Für gewisse Zwecke, z. B. die Audionwirkung, spielt auch die Steilheit der Gitterstromcharakteristik eine Rolle.

Für die Beurteilung der Steilheit ist lediglich der geradlinige Teil der Charakteristik in Betracht zu ziehen, nicht aber der Bereich der oberen und unteren Knickstellen der Kurve.

Bei der Feststellung der Steilheit geht man im allgemeinen so vor, daß man die Zunahme des Anodenstromes für die Gitterspannungsvariation von 1 Volt bestimmt; dividiert gemäß obiger Formel diesen Betrag durch die Gitterspannungsvariation, so erhält man die Steilheit direkt in mA pro Volt.

Es ist übrigens nicht unbedingt erforderlich, die ganze Gitterstromcharakteristik aufzunehmen, vielmehr genügt es, wenn man

den inneren Widerstand der Röhre und ihren Durchgriff kennt
(s. weiter unten) den Ausdruck

$$S = \frac{1}{W_i \cdot D}$$

anzuwenden.

Im allgemeinen liegt die Steilheit S der meist gebräuchlichen
Empfänger- und Verstärkerröhren zwischen 0,25 und 1 m A pro Volt.

f) Feststellung des Durchgriffes einer Röhre.

Unter dem Durchgriff D einer Röhre versteht man die Ver-
hältniszahl in Prozenten, welche erhalten wird bei Division der
Änderung der Gitterspannung durch die Änderung der Anodenspannung um $c\,p$ denselben Einfluß auf den Anodenstrom zu erzeugen. Physikalisch bedeutet der Druckgriff den Teil der Anodenspannung, der durch das Gitter „durchgreift".

Um den Durchgriff exakt festzustellen, muß man mehrere
Gitterspannungscharakteristiken einer Röhre aufnehmen. Man

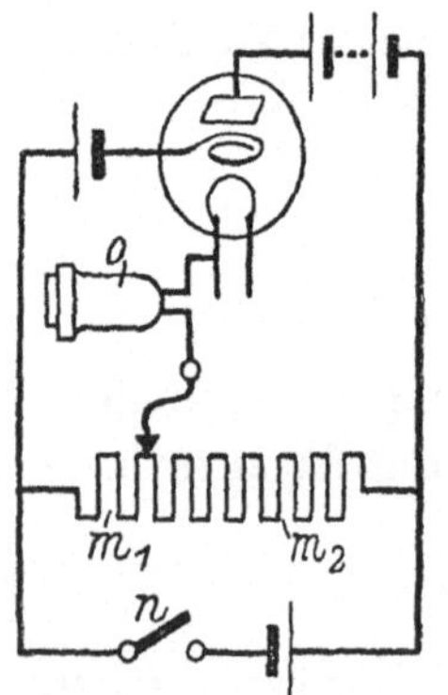

Abb. 101. Schaltungsanordnung zur Bestimmung des
Durchgriffes D mit Mittelfrequenz nach Martens.

greift alsdann gemäß Abb. 97 aus dem gradlinigen Teil der Charakteristik ein bestimmtes
Stück heraus und stellt fest, wie groß für
dieses Kurvenstück die Änderung der Gitterspannung und des Anodenstroms ist. Man
erhält alsdann für den Durchgriff eine Zahl,
die kleiner als 1 ist und gibt diese in Prozenten
an. Im allgemeinen beträgt der Durchgriff
zwischen 3% und 25%.

Dasselbe Verfahren wird für die Gitterspannungscharakteristik derselben Röhre bei
einer anderen Anodenspannung bewirkt, und
wenn man besonders genau arbeiten will, so
muß man das Verfahren noch auf weitere
Anodenspannungen ausdehnen. Hierdurch ist auch gleichzeitig
eine Kontrolle der Meßgenauigkeit gegeben.

Eine andere, von Martens angegebene Methode, um den Durchgriff der Röhre mit niederfrequentem oder mittelfrequentem Wechselstrom zu bestimmen, ist durch das Schema von Abb. 101 gekennzeichnet. Wesentlich ist hierbei ein induktionsloser Widerstand $m_1\,m_2$, der eine maximale Größe von etwa 12000 Ohm
haben soll. Der Unterbrecher n soll möglichst eine Unterbrechungszahl in der Höhe einer Tonfrequenz ergeben.

Die Anordnung wird nun so eingestellt, daß bei Ingangsetzung des Unterbrechers das Geräusch bzw. der Ton im Telephon zum Verschwinden gebracht ist. Alsdann ist durch das Gitter der Anodenstrom infolge der Anodenspanunngsbeeinflussung eliminiert. Die Division der eingestellten Widerstandsbeträge m_1 und m_2 ergeben alsdann den Durchgriff D der Röhre.

g) Feststellung des inneren Widerstandes einer Röhre.

Der innere Widerstand einer Röhre entspricht dem Verhältnis einer Änderung der Anodenspannung zur Änderung der Anodenstromstärke für denselben Bereich.

Am zweckmäßigsten ist es daher, die Anodenstromcharakteristik aufzunehmen, und aus dem gradlinigen Teil dieser Charakteristik ein bestimmtes Stück herauszugreifen, und für diesen festzustellen, welchem Anodenspannungsbetrage und welchem Anodenstrombetrage dieses Stück entspricht. Die Division des Anodenspannungsbetrages durch den Anodenstrombetrag ergibt direkt den inneren Widerstand der Röhre in Ohm.

Es läßt sich selbstverständlich auch der innere Widerstand einer Röhre mit der Wheatstoneschen Wechselstrommeßbrücke messen, wobei gemäß Abb. 102 die Röhre (Anode-Glühfaden) in den einen Brückenzweig eingeschaltet ist, während in den anderen Brückenzweig ein sehr hoher, am besten stufenweise veränderlicher, Ohmscher Widerstand geschaltet werden muß. Die Heizungs- und son-

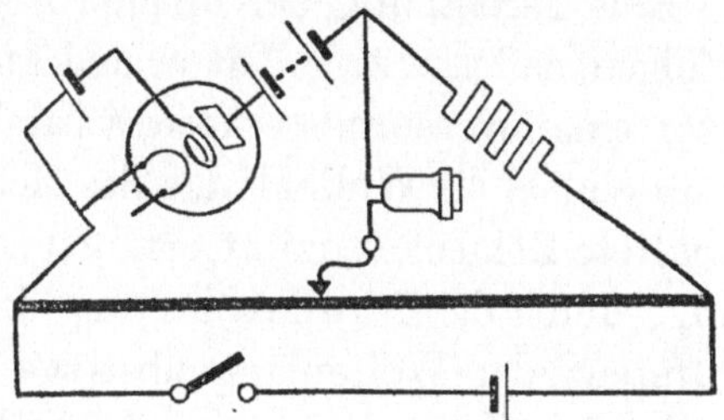

Abb. 102. Wheastone'sche Brückenanordnung zur Messung des inneren Röhrenwiderstandes.

stigen Verhältnisse sind an der Röhre während der Messung vollkommen konstant zu halten. Da die inneren Röhrenwiderstände bei manchen Konstruktionen sehr hohe Beträge aufweisen, wird häufig der Fall eintreten, daß ein genügender selbstinduktionsloser Widerstand für den zweiten Brückenzweig nicht zur Verfügung steht.

h) Feststellung der Güte einer Röhre.

Um die „Güte" einer Röhre festzustellen, ist es erforderlich, den Durchgriff D und den inneren Widerstand W_i einer Röhre zu kennen, die gemäß den obigen Ausführungen ohne weiteres gemessen werden können. Es ist jedoch zu beachten, daß für die

Gütebestimmung nur solche Werte des Durchgriffes und des inneren Widerstandes inbetracht kommen, welche bei gleicher Gittervorspannung gemessen worden sind. Man stellt alsdann die Güte der Röhre auf Grund nachstehender Formel fest:

$$G = \frac{1}{D^2 \cdot W_i}.$$

Es ist hieraus zu ersehen, daß die Güte der Röhre dem reziproken Wert des Durchgriffes entspricht und der Steilheit direkt proportional ist, da $\dfrac{1}{W_i \cdot D} =$ Steilheit der Röhre ist.

i) **Messung der inneren Kapazität einer Röhre.**

Im allgemeinen wird unter der inneren Kapazität einer Röhre die Kapazität zwischen Gitter und Anode verstanden, die sich bekanntlich mit Variation der Heizung entsprechend ändert.

Man kann aber auch unter der inneren Röhrenkapazität die Kapazität zwischen Gitter und Glühdraht bzw. zwischen Glühdraht und Anode verstehen. Es ist daher zweckmäßig, daß, wenn man von innerer Kapazität einer Röhre spricht, hierbei gleich angibt, welche Kapazität gemeint ist.

Eine Feststellung der inneren Röhrenkapazität kann dadurch erfolgen, daß man z. B. Gitter und Anode der Röhre zum Kondensator eines Wellenmesserkreises parallel schaltet. Man stellt alsdann einmal die Wellenlänge des Meßkreises ohne die parallel geschaltete Röhrenkapazität fest und darauf die vergrößerte Wellenlänge durch die Parallelschaltung der Röhrenkapazität. Aus der Differenz der Wellenlängenbeträge bzw. der Kapazitätsgrößen ergibt sich direkt die innere Röhrenkapazität.

k) **Messung der Abhängigkeit des Anodenstromes J_F vom Heizstrom J_K.**

Man verwendet eine Schaltungsanordnung gemäß Abb. 103, wobei ein Milliamperemeter für die Messung des Anodenstroms J_F und ein Amperemeter für die Heizung, sowie ein Voltmeter für die Feststellung der Anodenspannung V_F genügen. Man wird allerdings, um nicht den Voltmeterstrom, der etwa 10 mA betragen dürfte, mitzumessen, am besten das Milliamperemeter direkt hinter die Anode schalten.

Für eine bestimmte Anodenspannung, etwa eine solche von 40 Volt, wird man die Abhängigkeit des Anodenstroms J_F vom Heizstrom J_K feststellen, und in einem Diagramm auftragen.

(Siehe Abb.104.) Dasselbe wird für die weitere Anodenspannungen, etwa solche von 60, 80 bis 100 Volt bewirkt. Man erhält eine Schar von verschiedenen Anodenstromkurven in Abhängigkeit vom Heizstrom bei verschiedenen Anodenspannungen. Aus allen diesen Kurven geht hervor, daß von bestimmten Punkten an eine

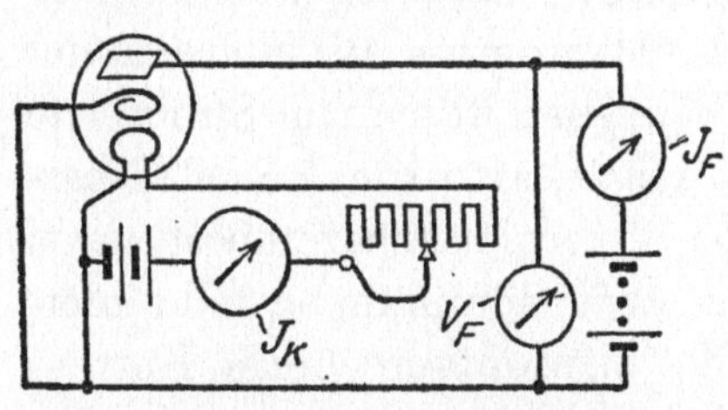

Abb. 103. Messung der Abhängigkeit des Anodenstromes J_F vom Heizstrom J_K.

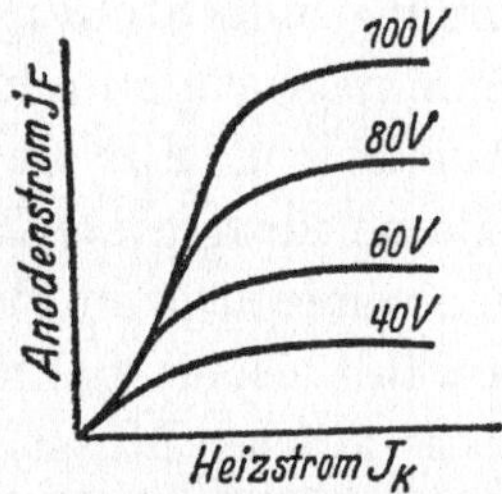

Abb. 104. Anodenstromcharakteristiken auf den Heizstrom bezogen.

Vergrößerung der Heizstromstärke praktisch keinen Zweck mehr hat, sondern, daß bereits der Sättigungsstrom bei der betreffenden Gittervorspannung erreicht ist. Der erzielbare Anodenstrom ist um so größer, je höher die Anodenspannung gewählt wird.

l) Aufnahme der Charakteristiken von Doppelgitterröhren.

Die Zahl der Meßvariationen wächst bei Doppelgitterröhren, da es sehr darauf ankommt, wie das erste und das zweite Gitter benutzt werden. So kann man entweder das innere oder das äußere Gitter als Steuerelement verwenden, und man kann das innere Gitter als Schutzgitter oder als Raumladungsgitter schalten. Je nachdem, welche Schaltungsart man anwendet, kann man verschiedene Größen des Durchgriffes, der Steilheit und des äußeren Widerstandes erreichen.

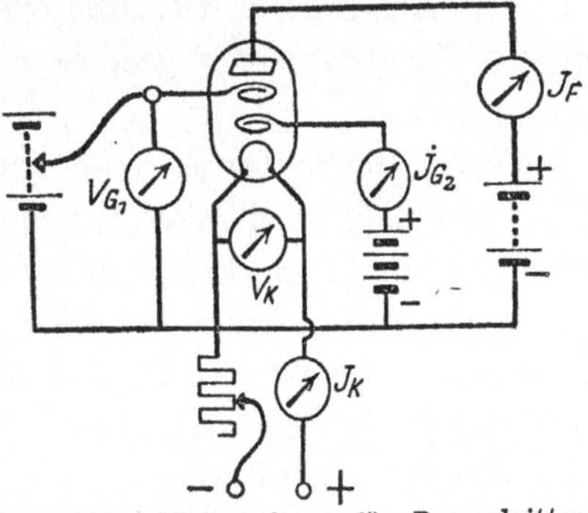

Abb. 105. Meßschaltung für Doppelgitterröhren (Steuergitter oben, Raumladungsgitter unten).

Bei der Meßschaltung (siehe Abb. 105), welche sich im Prinzip nicht wesentlich von den vorstehenden unterscheidet, ist jedoch für das zweite Gitter noch ein Meßinstrument mit einer Gitterspannungsbatterie vorzusehen. Bei der gewählten Schaltung dient das obere Gitter als Steuergitter, das untere als Raumladungsgitter. Für die Messung geht man zunächst so vor, daß die Anodenspannung auf einem bestimmten Betrag konstant gehalten wird, und daß auch die Spannung des Raumladungsgitters auf einem bestimmten Betrag konstant gehalten wird. Bei Variation der Spannungen des Steuergitters werden die entsprechenden Anodenstrombeträge aufgenommen durch Ablesung am Milliamperemeter im Anodenkreis. Für die gleichen Beträge stellt man die Stromwerte im Raumladungsgitterkreis fest, erhält also die Raumladungsgitterstrombeträge in Funktion der Steuergitterspannungsbeträge. Man wählt hierauf mehrere andere Anodenspannungen und wiederholt die gleichen Messungen, so daß man entsprechende Kurvenscharen erhält. Auch die Raumladungsgitterspannungen werden entsprechend variiert und ergeben wieder eine neue Kurvenschar.

Eine übersichtliche Aufzeichnung der verschiedenen so erhaltenen Kurven läßt die Eigenschaften der Röhre, die für die verschiedenen Benutzungsarten inbetracht kommen, klar erkennen und man kann hiernach seine Auswahl treffen.

m) Senderöhrenuntersuchung.

Die Senderöhre $a\,d\,c$ ist gemäß Abb. 106 wiederum mittels Stöpseln leicht auswechselbar gestaltet. Die Heizung erfolgt von der Batterie b über einen Widerstand e und zur Feststellung der Heizstromstärke über ein kleines Amperemeter f.

Das Anodenfeld wird aus der Batterie h mit parallel geschaltetem Kondensator g gespeist. i ist ein Voltmeter, k ein Milliamperemeter.

Die Gitterelektrode d ist über ein Milliamperemeter l an die mit verschiebbaren Kontakten versehene Spule m gelegt, wobei die Stellung des veränderlichen Gitteranschlußkontaktes ausprobiert werden muß, um die richtige Phase für das Anschwingen zu erhalten. n ist ein Drehplattenkondensator und bildet mit m zusammen den geschlossenen Schwingungskreis. Dieser induziert auf die künstliche Antenne, welche aus den Selbstinduktionsspulen o und p, dem Schiebewiderstand r und einem eingeschalteten Hitzdrahtamperemeter s besteht.

Für den Vergleich verschiedener Werte miteinander ist selbstverständlich die Kopplung zwischen dem geschlossenen Schwingungskreis und der künstlichen Antenne konstant zu halten.

Auch hier gilt wieder für die Aufnahme das oben Ausgeführte. Im übrigen sind die speziellen, an die Senderröhre zu stellenden Anforderungen, welche je nach der benutzten Schaltung ver-

schieden sein werden, maßgebend. Grundsätzlich kann jedoch festgehalten werden, daß man eine bestimmte Röhre als Normalröhre zu verwenden hat, welche mit einer bestimmten genau einzuregulierenden Heiz- und Hilfsfeldenergie eine bestimmte Stromstärke in der künstlichen Antenne s hervorruft, und daß unter sonstiger genauer Konstanthaltung aller Verhältnisse die Normalröhre von Fall zu Fall gegen die zu untersuchende Röhre ausgewechselt wird.

Eine Anordnung, bei welcher die Normalröhre fest eingebaut bleibt und daneben Stöpselkontakte für die jeweilig zu untersuchende Röhre vorgesehen sind, und wobei mittels eines Schalters die eine oder andere Röhre für die Untersuchung der Röhre eingeschaltet wird, erscheint nicht zweckmäßig, da einmal durch diese Anordnung eine gewisse Unsymmetrie in die Leitungsführung und damit in die von der Röhre zu erzeugenden Schwingungen hineinkommen

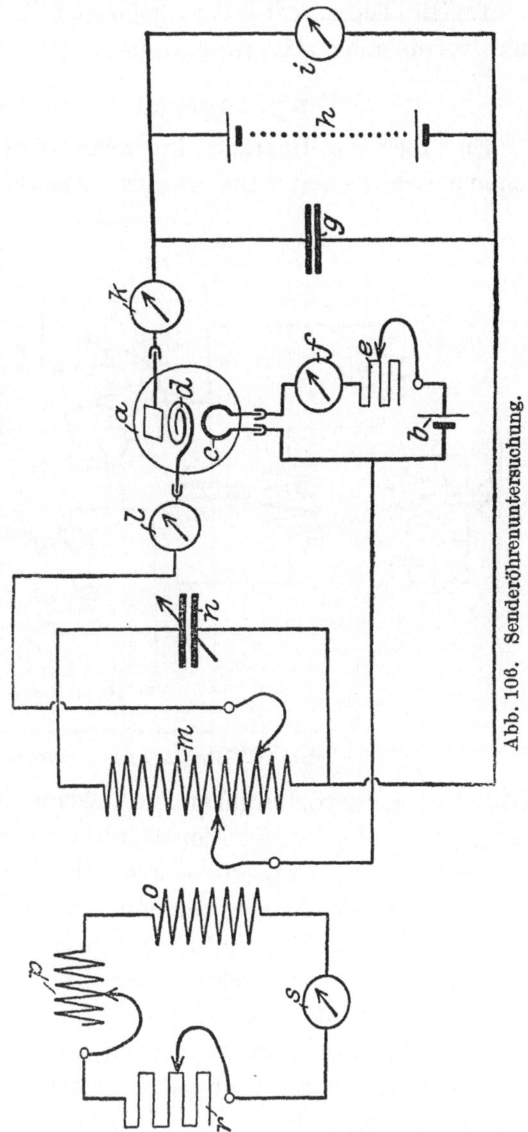

Abb. 106. Senderöhrenuntersuchung.

kann, und da andererseits derartige Schalter, welche Übergangs-
widerstände besitzen können, für Meßzwecke nicht vollkommen
einwandfrei sein dürften.

Im Hinblick auf die gut ausgebildeten Stöpseleinrichtungen kann
man auf einen derartigen Schaltmechanismus im übrigen verzichten.

n) Empfangsröhrenuntersuchung.

Eine hierfür in Betracht kommende Anordnung gibt Abb. 107
schematisch wieder. Die Buchstabenbezeichnung entspricht im

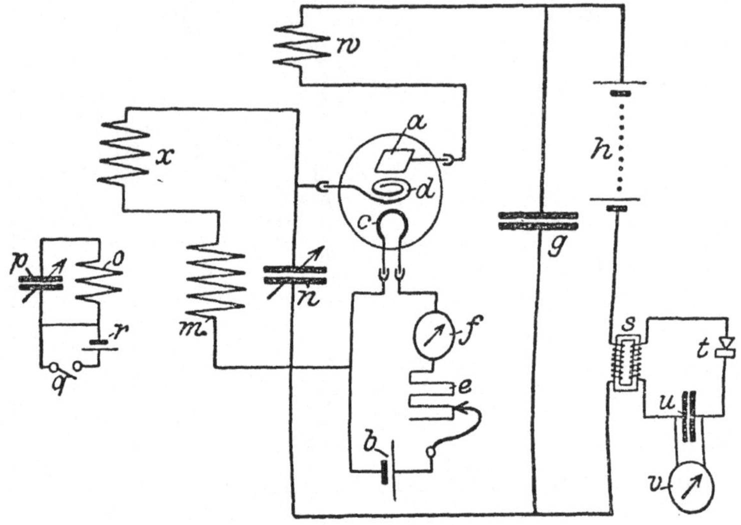

Abb. 107. Empfangsröhrenuntersuchung.

wesentlichen der vorhergehenden Abildung. In den Anodenkreis ist
zweckmäßig ein eisengeschlossener Transformator s eingeschaltet,
an welchem ein Detektor t und ein Kondensator u sekundär
angeschlossen sind. v ist ein mit u verbundenes Galvanometer.
$m\,w$ und x sind Selbstinduktionsspulen, welche teils dem geschlossenen Schwingungskreis, teils dem Anodenkreis angehören.

Gemessen wird in diesem Fall der Ausschlag am Galvanometer v. Man kann, wenn es nicht auf quantitative Messungen,
sondern vielmehr auf subjektive Feststellungen ankommt, die
Kombinationen $t\,u\,v$ durch ein Telephon ersetzen.

Erregt wird das Empfangssystem durch einen in Senderschal-
tung befindlichen Wellenmesser, wobei der geschlossene Sender-
schwingungskreis $p\,o$ durch eine Stromquelle r nebst Unterbrecher q gespeist wird.

Auch hier gilt bezüglich der Auswechselung der zu untersuchenden Röhre $a\,d\,c$ und Ersatz derselben durch eine Normalempfangsröhre das oben Ausgeführte.

IV. Messungen am Empfänger.

A. Messung der Empfangslautstärke[1].

a) Mit Kristalldetektor.

Eine Schaltung, die der Amateur häufig auszuführen gezwungen ist, um die Empfangslautstärke festzustellen und sie mit anderen Apparaten zu vergleichen, gibt die Anordnung gemäß Abb. 108 wieder. Die Antenne m arbeitet über ein in variabler Kopplung einstellbares Spulensystem n und unter Benutzung eines Abstimmkondensators t auf den Detektor g und das Telephon h. Parallel zum Detektor ist ein fein einregulierbarer hoher Ohmscher Widerstand v geschaltet. Dieser muß in Ohmwerten geeicht

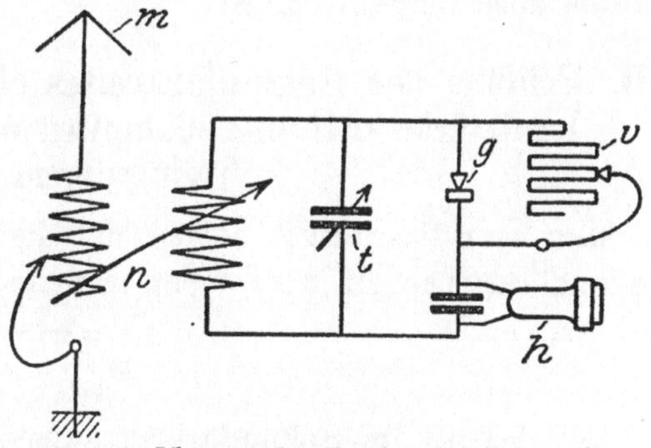

Abb. 108. Messung der Empfangslautstärke mit Kristalldetektor.

sein. Der Widerstand wird zunächst auf einen möglichst großen Wert eingestellt. Die Empfangsapparatur wird auf den fernen

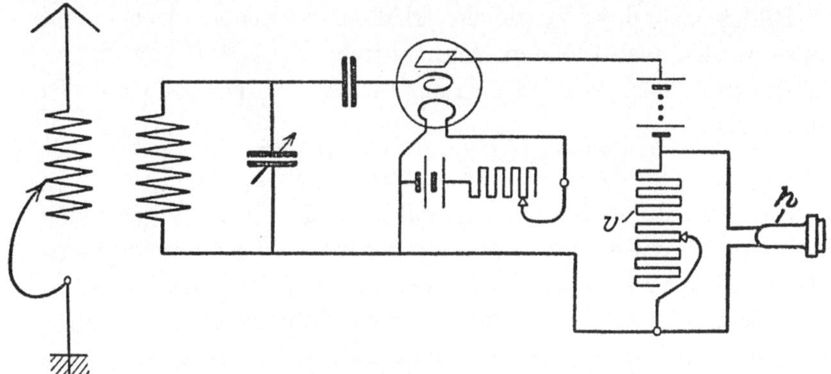

Abb. 109. Messung der Empfangslautstärke mit Röhre.

Sender abgestimmt. Der Widerstand v wird so weit verringert, daß die Zeichen im Empfangstelephon eben noch hörbar sind.

---

[1] Siehe auch unter I. E. S. 26 ff.

Der alsdann am geeichten Ohmschen Widerstand abgelesene Widerstandswert ist für die Empfangslautstärke maßgebend. Je kleiner er ist, um so größer ist die Empfangslautstärke.

b) Mit der Röhre.

Soweit die sehr erheblichen physiologischen Einflüsse überhaupt eine Genauigkeit bei dieser Messung zulassen, wird sie durch die Schaltung gemäß Abb. 107 mit Röhre nur verbessert. Das Verfahren bei der Messung ist im übrigen genau das gleiche wie oben. v wird im Anfang auf einen sehr großen Wert eingestellt und immer mehr verkleinert, bis das Geräusch im Telephon h gerade noch vernehmbar ist.

B. Prüfung des Sekundärkreises eines Empfänger auf Lautstärke mit ungedämpften oder gedämpften Schwingungen.

Man kann theoretisch zeigen, daß die größte Nutzenergie im Sekundärkreis erzielt wird, wenn man die Dimensionen so wählt, daß man erhält

$$A_{\text{unged}} \cong \frac{E_2^2}{4\,w_e}.$$

Für den sich im Sekundärkreis ausbildenden Strom J_3 erhält man alsdann den Maximalwert bei

$$J_{3\,\text{max}} = \frac{E_2}{2\sqrt{w_e \cdot w_3}}.$$

Bildet man das Vergleichsverhältnis zwischen dem in der Antenne sich ausbildenden Maximalstrom $J_{2\,\text{max}}$ zu dem im Sekundärkreis entstehenden Maximalstrom, so erhält man den Ausdruck

$$\frac{J_{2\,\text{max}}}{J_{3\,\text{max}}} = \frac{2\sqrt{w_e \cdot w_3}}{E_2} \cdot \frac{E_2}{w_e} = 2\sqrt{\frac{w_3}{w_e}}.$$

Dieser Ausdruck besagt, daß nur dann durch die Verwendung des Sekundärkreises ein Vorteil hinsichtlich der Empfangslautstärke erzielt wird, wenn der Widerstand des Sekundärkreises w_3 wenigstens den vierten Teil des Widerstandsbetrages der Antenne w_3 ausmacht. Alsdann erst ist der im Sekundärkreis zu erzielende Maximalstrom gleich dem im Primärkreis ohne weiteres zu erzielenden Maximalstrom.

Diese Erkenntnis kann ohne weiteres für die Prüfung des Sekundärkreises benutzt werden, indem man z. B. unter Verwen-

dung der Parallelohmmethode die Lautstärke im Sekundärkreis
mit derjenigen der Antenne vergleicht und feststellt, wann in
beiden Fällen Stromgleichheit eintritt. Erst dann ist der Widerstand des Sekundärkreises viermal so klein als der der Antenne.

C. Anordnungen zur Feststellung des Selbstschwingens von Röhrenempfängern.

Infolge der außerordentlichen Störung, welche auf benach-
barte Empfänger durch selbstschwingende Empfänger ausgeübt
werden kann, ist es wesentlich, einfache Anordnungen zu kennen,
welche diese unerwünschte Schwingungserzeugung einwandfrei
festzustellen gestatten. Hierzu gehören unter anderen folgende:

a) Messen des Schwingungsstromes durch ein Anodenkreisamperemeter.

Die Anordnung möge Abb. 110 entsprechen. Durch festere
Kopplung der Rückkopplungsspulen m und n wird eine Steigerung
der Amplitude des Anoden-
stromes J_A bewirkt. Im allgemeinen zeigt das Meßinstrument o
bei normal arbeitendem, nicht
strahlendem Empfänger eine
Stromstärke bis zu etwa 2 mA an.

Sobald jedoch der Schwin-
gungszustand einsetzt, also die
Gitterspannung entsprechend der
durch die Rückkoppelung bewirk-
ten, dem Gitter aufgedrückten
Wechselspannung sich vermindert, sinkt die Anodenstromstärke J_A wesentlich, und zwar

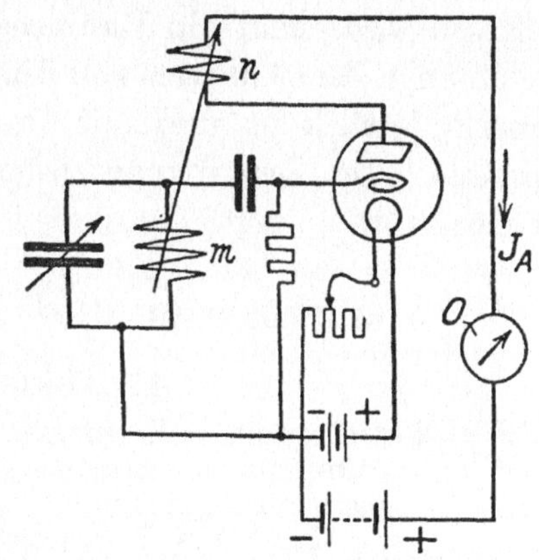

Abb. 110. Meßanordnung zur Feststellung
der Strahlung eines Empfängers.

bis auf etwa die Hälfte des früheren Wertes, oder geht noch
weiter zurück.

b) Feststellung des Schwingungseinsetzens mittels des Telephons.

Es ist bekannt, daß bei etwas Übung ohne weiteres festgestellt
werden kann, ob die Schwingungen hart oder weich einsetzen.
Im allgemeinen ist ein weiches Schwingungseinsetzen erwünscht,
welches durch Wahl der im allgemeinen entsprechend negativ zu

nehmenden Gittervorspannung erreicht werden kann. Bei diesem Zustand findet ein Ausstrahlen von der Antenne nicht statt.

Sofern man jedoch die Gittervorspannung mehr und mehr positiv macht, um so härter wird das Einsetzen der Schwingungen und um so mehr wird der Empfänger zum Ausstrahlen neigen, bis schließlich, durch entsprechendes Knacken und Rauschen bemerkbar, der Strahlungszustand auch akustisch in die Erscheinung tritt.

c) Feststellung des Schwingungseinsetzens mittels Rahmenempfängers.

Der mit Hochfrequenzverstärkung arbeitende Rahmenempfänger ist selbstverständlich in besonderem Maße geeignet, infolge seiner Hochempfindlichkeit ein eventuelles Schwingen und Ausstrahlen eines falsch arbeitenden Rückkopplungsempfängers festzustellen.

Die deutsche Postverwaltung hat die Vorschrift erlassen, daß ein Rückkopplungsempfänger nur dann für die Benutzung zugelassen wird, wenn ein Rahmenempfänger mit 50 cm Rahmenseitenlänge, der 50 m weit von dem Rückkopplungsempfänger entfernt aufgestellt ist und mit Dreifach-Hochfrequenzverstärkung arbeitet, einen Schwingungszustand des Empfängers nicht feststellen kann.

V. Abkürzungen und Umrechnungstabellen.

A. Abkürzungen.

NF = Niederfrequenz = Frequenzen unter 100 Wechsel pro Sek.

AF = Audiofrequenz (Tonfrequenz, Schwebungsfrequenz) = Mittelfrequenz = Frequenzen bis zu ca. 10000 Wechsel pro Sek. (Grenze der akustischen Hörbarkeit bei ca. 20000 Wechseln pro Sek.)

HF = Radiofrequenz = Hochfrequenz = Frequenzen über 10000 Wechsel pro Sek. (Praktisch gebraucht wird der Bereich von ca. 20000 bis 1000000 Wechsel pro Sek.)

F = Farad

MF = Mikrofarad

H = Henry

MH = Millihenry

MO = Megohm

CL = Schwingungskonstante

A-Batterie = Heizbatterie

B-Batterie = Anodenbatterie

C-Batterie = Gitterbatterie.

A = Ampere

mA = Milliampere

V = Volt.

B. Vorsatzbezeichnungen.

Um die Vielfachen oder Bruchteile des dekadischen Systems zu bilden, setzt man vor den Ausdruck (Volt, Ampere, Ohm usw.):

$$1 \text{ Dezi-} \quad (\text{Volt, Ampere, Ohm usw.}) = 10^{-1},$$
$$1 \text{ Zenti-} \quad \text{„} \quad \text{„} \quad \text{„} \quad \text{„} \quad = 10^{-2},$$
$$1 \text{ Milli-} \quad \text{„} \quad \text{„} \quad \text{„} \quad \text{„} \quad = 10^{-3},$$
$$1 \text{ Mikro-} \quad \text{„} \quad \text{„} \quad \text{„} \quad \text{„} \quad = 10^{-6},$$
$$1 \text{ Deka-} \quad \text{„} \quad \text{„} \quad \text{„} \quad \text{„} \quad = 10,$$
$$1 \text{ Hekto-} \quad \text{„} \quad \text{„} \quad \text{„} \quad \text{„} \quad = 10^{2},$$
$$1 \text{ Kilo-} \quad \text{„} \quad \text{„} \quad \text{„} \quad \text{„} \quad = 10^{3},$$
$$1 \text{ Meg(a)-} \quad \text{„} \quad \text{„} \quad \text{„} \quad \text{„} \quad = 10^{6}.$$

Beispiele:

$$1 \text{ Megohm} = 10^{6} \text{ Ohm,}$$
$$1 \text{ Mikroampere} = 10^{-6} \text{ Ampere,}$$
$$1 \text{ Milliampere} = 10^{-3} \text{ Ampere,}$$
$$1 \text{ Millivolt} = 10^{-3} \text{ Volt.}$$

C. Umrechnungstabellen für Kapazitäten und Induktanzen.

a) Kapazitäten.

$$1 \text{ F} = 10^{6} \text{ MF} = 9 \cdot 10^{11} \text{ cm}$$

$$1 \quad \text{MF} = 9 \cdot 10^{5} \text{ cm} = 900000 \text{ cm}$$
$$0{,}1 \quad \text{MF} = 9 \cdot 10^{4} \text{ cm} = 90000 \text{ cm}$$
$$0{,}01 \quad \text{MF} = 9 \cdot 10^{3} \text{ cm} = 9000 \text{ cm}$$
$$0{,}001 \quad \text{MF} = 9 \cdot 10^{2} \text{ cm} = 900 \text{ cm}$$
$$0{,}0001 \quad \text{MF} = 9 \cdot 10 \text{ cm} = 90 \text{ cm}$$
$$0{,}00001 \text{ MF} = 9 \quad \text{cm} = 9 \text{ cm}$$

$$1 \text{ cm} = 1{,}11 \cdot 10^{-6} \text{ MF} = 0{,}00000111 \text{ MF}$$
$$10 \text{ cm} = 1{,}11 \cdot 10^{-5} \text{ MF} = 0{,}0000111 \text{ MF}$$
$$100 \text{ cm} = 1{,}11 \cdot 10^{-4} \text{ MF} = 0{,}000111 \text{ MF}$$
$$1000 \text{ cm} = 1{,}11 \cdot 10^{-3} \text{ MF} = 0{,}00111 \text{ MF}$$
$$10000 \text{ cm} = 1{,}11^{-}10^{-2} \text{ MF} = 0{,}0111 \text{ MF}$$

b) Induktanzen.

$$1 \text{ H} = 10^{3} \text{ MH} = 10^{9} \text{ cm}$$

$$1 \quad \text{MH} = 1 \cdot 10^{3} \text{ cm} = 1000 \text{ cm}$$
$$0{,}1 \quad \text{MH} = 1 \cdot 10^{2} \text{ cm} = 100 \text{ cm}$$
$$0{,}01 \quad \text{MH} = 1 \cdot 10 \text{ cm} = 10 \text{ cm}$$
$$0{,}001 \quad \text{MH} = 1 \cdot 10^{-1} \text{ cm} = 1 \text{ cm}$$
$$0{,}0001 \quad \text{MH} = 1 \cdot 10^{-2} \text{ cm} = 0{,}1 \text{ cm}$$
$$0{,}00001 \quad \text{MH} = 1 \cdot 10^{-3} \text{ cm} = 0{,}01 \text{ cm}$$
$$0{,}000001 \text{ MH} = 1 \cdot 10^{-4} \text{ cm} = 0{,}004 \text{ cm}$$

$$1 \text{ cm} = 1 \cdot 10^{-6} \text{ MH} = 0{,}000001 \text{ MH}$$
$$10 \text{ cm} = 1 \cdot 10^{-5} \text{ MH} = 0{,}00001 \text{ MH}$$
$$100 \text{ cm} = 1 \cdot 10^{-4} \text{ MH} = 0{,}0001 \text{ MH}$$
$$1000 \text{ cm} = 1 \cdot 10^{-3} \text{ MH} = 0{,}001 \text{ MH}$$
$$10000 \text{ cm} = 1 \cdot 10^{-2} \text{ MH} = 0{,}01 \text{ MH}$$
$$100000 \text{ cm} = 1 \cdot 10^{-1} \text{ MH} = 0{,}1 \text{ MH}$$
$$1000000 \text{ cm} = 1 \quad \text{MH} = 1 \quad \text{MH}$$

D. Umrechnung der Kapazitätsgrößen.

	Statisches System cm	Mikrofarad	Farad	Elektromagnetische C.G.S.-Einh.
cm	1	$1{,}11\cdot10^{-6}$	$1{,}11\cdot10^{-12}$	$1{,}1\cdot10^{-20}$
Mikrofarad . . .	$9\cdot10^{5}$	1	$1\cdot10^{-6}$	$1\cdot10^{-15}$
Farad	$9\cdot10^{11}$	$1\cdot10^{6}$	1	$1\cdot10^{-9}$
Elektromagnet. C.G.S.. . . .	$9\cdot10^{20}$	$1\cdot10^{15}$	$1\cdot10^{9}$	1

E. Umrechnung der Selbstinduktionswerte.

	Statisches System cm	Millihenry	Henry
cm	1	$1\cdot10^{-6}$	$1\cdot10^{-8}$
Henry	$1\cdot10^{9}$	$1\cdot10^{3}$	1
Millihenry . . .	$1\cdot10^{6}$	1	$1\cdot10^{-3}$

F. Umrechnung von Wellenlängen in Periodenzahlen bzw. umgekehrt.

λ^{m}	1	10	100	1000	10000	100000
ν Per/sek . . .	3.10^{8}	3.10^{7}	3.10^{6}	3.10^{5}	3.10^{4}	3.10^{3}

λ^{m}	3.10^{5}	3.10^{4}	3.10^{3}	3.10^{2}	3.10	3
ν Per/sec . . .	1.10^{3}	1.10^{4}	1.10^{5}	1.10^{6}	1.10^{7}	1.10^{8}

Bibliothek des Radio-Amateurs. Herausgegeben von Dr. **Eugen Nesper.**

16. Band: **Baumaterialien für Radio-Amateure.** Von **Felix Cremers.** Mit 10 Textabbildungen. VIII, 93 Seiten. 1925. RM 1.80

17. Band: **Reflex - Empfänger.** Von Radio-Ingenieur **Paul Adorján.** Mit 60 Textabbildungen. VIII, 53 Seiten. 1925. RM 2.10

18. Band: **Das Fehlerbuch des Radio-Amateurs.** Von Ing. **Siegmund Strauß.** Mit 75 Textabbildungen. VIII, 78 Seiten. 1925. RM 2.10

19. Band: **Rufzeichen-Liste für Radio-Amateure.** Von **Erwin Meißner.** X, 130 Seiten. 1925. RM 3.—

20. Band: **Lautsprecher.** Von Dr. **Eugen Nesper.** Mit 159 Textabbildungen. XII, 133 Seiten. 1925. RM 3.30; gebunden RM 4.20

21. Band: **Funktechnische Aufgaben und Zahlenbeispiele.** Von Dr.-Ing. **Karl Mühlbrett.** Mit 46 Textabbildungen. VII, 90 Seiten. 1925. RM 2.10

22. Band: **Ladevorrichtungen und Regenerier-Einrichtungen der Betriebsbatterien für den Röhren-Empfang.** Von Dipl.-Ing. **Friedrich Dietsche.** Mit 56 Textabbildungen. VI, 56 Seiten. 1926. RM 2.10

23. Band: **Kettenleiter und Sperrkreise in Theorie und Praxis.** Von Elektro-Ingenieur **C. Eichelberger.** Mit 120 Textabbildungen und einer Rechentafel. VIII, 92 Seiten. 1925. RM 3.—

24. Band: **Hochfrequenz-Verstärker.** Von Dipl.-Ing. Dr. phil. **Arthur Hamm.** Mit 106 Textabbildungen. VIII, 126 Seiten. 1925. RM 3.90

25. Band: **Die Hochantenne.** Von Dipl.-Ing. **Friedrich Dietsche.** Mit 110 Textabbildungen. VIII, 114 Seiten. 1926. RM 3.90

27. Band: **Superheterodyne-Empfänger.** Von Ing. **E. F. Medinger.** Mit 49 Textabbildungen. VI, 68 Seiten. 1926. RM 2.70

28. Band: **Die Methode der graphischen Darstellung und ihre Anwendung in Theorie und Praxis der Radiotechnik.** Von Dipl.-Ing. **O. Herold.** Mit 74 Textabbildungen. VI, 81 Seiten. 1925. RM 2.70

29. Band: **Die kurzen Wellen.** Sende- und Empfangsschaltungen. Von **Robert Wunder.** Mit 98 Textabbildungen. VIII, 98 Seiten. 1926. RM 3.60

31. Band: **Die Störungen beim Radio-Empfang.** Von Dr. **Ludwig Bergmann.** Mit 70 Textabbildungen. VIII, 86 Seiten. 1926. RM 3.—

32. Band: **Vereinfachung und Verbesserung des Radioempfangs (Rundfunkautomatik.)** Von **Erich Schwandt.** Mit 115 Textabbildungen. VII, 116 Seiten. 1928. RM 4.20

In den nächsten Wochen wird erscheinen:

30. Band: **Aus der Werkstatt des Konstrukteurs.** Von Ing. **O. Kappelmayer.**